JN125407

Back to the basics yet again.

人生で大切なことはすべてソニーから学んだ

Takeo Minomiya
蓑宮武夫

PHP

まえがき

一九五五年、私は小学校五年生のときに放送委員になりました。給食の時間になると、毎日放送室に入り、そこで給食を食べながら音楽や朗読劇を流していました。私にとって、毎日の放送室での時間はとても楽しいものであったことを覚えています。

放送室にあったマイクロフォンやテープレコーダー。そのころはまだテープレコーダーは高価なもので、一般家庭には普及していませんでした。まるで魔法のような機械……そんな貴重なものを自分だけは操作することができるわけですから、それは嬉しいことでした。

私はただテープレコーダーが回っているのを眺めているだけで幸せな気分になったものです。そのテープレコーダーには「東京通信工業株式会社」という社名（ＳＯＮＹの前身）が記されていました。もちろん、それがどんな会社なのかはわかりません。しかし、私はそのころから心に決めていたのです。

「大人になったら、自分は東京通信工業という会社に入って、みんなの心をワクワクさせるようなものをつくるんだ！」と。

やがて日本が高度経済成長を迎えるころ、私はソニーに入社しました。子どものころからの夢の始まりです。当時のソニーの規模はまだ小さく、まさに発展途上の会社でした。しかし、その小さな会社の中には、想像もできないような大きな夢がたくさん詰まっていました。他の会社から見れば「夢物語」だと揶揄《やゆ》されるようなものでも、ソニーの社員たちは本気でその夢の実現を信じていました。

「起業とは夢から始まる」。これが創業者の井深大《いぶかまさる》さんと盛田昭夫《もりたあきお》さんの信念でした。そこから始まったソニーのＤＮＡ。そのＤＮＡはみごとに受け継がれていきました。もちろん私もそのＤＮＡをしっかりと受け継いできた自負があります。

二〇〇五年、四十年お世話になったソニーを卒業しました。

卒業後は、地元・小田原のために何か役に立ちたいと考え、家の裏山を現役時代から妻と少しずつ手入れをしていました。やがて地元の仲間や同窓生、ソニーの有志たちが休日になると集まってくれて、みごとな里山ができました。それが「わんぱくの里」です。

「わんぱくの里」には私の母校の小学生たちも総合学習でやってきます。子どもたちが野山を駆け回り、ブルーベリーを摘《つ》んだり、クワガタやカブト虫を夢中で捕っている。そんな姿を眺めつつ、手作りのログハウスで冷たいビールを仲間たちと飲むのが至上の喜びでした。

ところが、そんな時間は束の間、さまざまな会社からお誘いを受ける日々が始まります。

二〇〇六年　㈱メムス・コアの社外取締役に就任
二〇〇七年　㈱タムラ製作所の社外取締役に就任
二〇〇八年　㈱TSUNAMIネットワークパートナーズ（現・TNPパートナーズ）の会長に就任
二〇一一年　㈱シバソクの社外取締役に就任
二〇一二年　ほうとくエネルギー㈱の代表取締役社長に就任
二〇一五年　㈱パロマの社外取締役に就任
　　　　　　㈱アイキューブドシステムズの社外取締役に就任

その他に顧問も数社担当させていただいており、いずれも二〇二一年現在継続中です、ソニーを辞めて十五年以上経ったいまでも、ソニー時代と変わらないような多忙な生活を送っています。

私が社外取締役や顧問を務める企業はいずれも独自の技術を深掘りして新しい技術や製品を開発している優良企業で、オーナー社長ばかりです。そんな企業がなぜ私に声をかけてくれたのか。それはひとえにソニーで培《つちか》った経験や識見を求めたからだと思います。

企業が存続していくうえで、もっとも大切なのは創業者の信念や理念です。しかし、いずれ創業者は去っていきます。たとえ創業者がいなくなったとしても、彼らが残してくれたDNA

さえしっかりと社内に染《し》みついていれば、その企業は生き残っていくと私は信じています。企業が危機を迎えるのは、その企業が大事にすべきＤＮＡを社員が見失ったときなのです。

井深さんや盛田さんが遺してくれたＤＮＡをしっかりと見据《みす》えながら、私はソニー流のマネジメントを学んできました。そのマネジメントを求めてくれている企業に対して、私は全身全霊で経営のアドバイスを行っています。

井深さんや盛田さんは、一九八六年四月二十二日発行の社内報『ソニータイムス』で、期待される人物像とは「勇気と好奇心の資質を原動力として新国家をなし遂げた坂本龍馬のようなソニーマン、ソニーウーマンだよ」と語られました。かねてより熱烈な龍馬ファンである私は、我が意を得たりと喜ぶと同時に、ビジネスの世界だけではなく生き様としても明確な羅針盤をもつことができました。

悩んだときや困難な場に立たされたとき、私はいつも自問自答してきました。「龍馬を想うと、私は生きる喜びを感ずる。龍馬の本を読むとそれが一層わかり、勇気が湧《わ》く。龍馬は志の高い人、ブレない人、行動の人、仲間を大切にする人、そして我が人生の師だ。高い志は気の帥《すい》なり。では、龍馬が生きていたら、どうしただろうか」と。

ビジネスのスピードはすさまじいばかりに速くなっています。ＩＴの発達によって、スピード化はさらに進むでしょう。そのビジネスのスピードに、私たちの「思い」や「心」が置き去りにされてはいないか。「心」や「志」のないビジネスになってはいないか。

私たちはいま一度、立ち止まって考える必要があるのではないかと思います。

これまでの人生で、私はたくさんのことをソニーでの仕事を通して学んできました。出会った上司・先輩・友人との会話や教えの中で印象深い言葉はたくさんあります。

「あらゆるもののスピードが加速されるデジタル時代にあって、会社を潰すのは経営品質と在庫だよ」

「一人では何もできない。しかし、一人が動かなければ何事も始まらない」

「いつの時代でも通じる『士は己れを知る者のために死す』」

「人生百年時代では、六十歳で退職しても、それから先は八掛けでしっかり社会貢献して生きないとね。二期作や二毛作は当たり前だよ（六十歳×〇・八＝四十八歳、八十歳×〇・八＝六十四歳）」

人生で大切なことは、すべてソニーから学んだといっても過言ではありません。

もちろんあらゆる職場や社会にも、学ぶべきものはたくさんあります。真っ正面から、真剣に仕事・人と向き合うことで、どこからでも学ぶべき大切なものは見つかるでしょう。

本書には、私がソニーでの経験を通して得たものを散りばめました。それらすべてが正解というわけではないでしょう。しかし、その一つひとつのエピソードには、必ず小さなヒントがあると思います。私が散りばめたたくさんのヒントの中から、みなさん自身が心の宝石となるものを見つけていただければ幸いです。

人生で大切なことはすべてソニーから学んだ　目次

第1章 ソニーの歴代トップが遺したDNA

第2章 ソニー流マネジメントの真髄

第3章

海外出張からの大いなる学び

第4章 企業を超えたプロジェクトの醍醐味

第5章 世界は日本と日本人をどう見ているか

第6章 日本の常識は世界の非常識

装幀　印牧真和

第1章

ソニーの歴代トップが遺したDNA

起業とは夢から始まる

「国家や文明は、戦争や天災によって滅びることはなく、滅びるのはそうした挑戦への応戦力の喪失の結果である」

これは歴史学者アーノルド・トインビーの有名な言葉です。この言葉は、企業においても当てはまります。昔から「企業の寿命三十年説」というものがあります。企業の平均寿命を示した調査はいろいろありますので一概にはいえませんが、創業から三十年以上続く企業は半分以下、統計によっては一割にも満たないそうです。もちろん五十年、百年と繁栄を続けている企業もありますが、やはりそうした企業には創業者の経営理念や思いをしっかりと受け継ぐ人間がいるのでしょう。企業の創業者たちはみな尋常ではないほどの情熱をもっているものです。そこには大いなる夢があります。

しかし、その夢を創業者が延々と実現させ続けることはできません。創業者の夢をしっかりと受け継ぐ後継者の存在がなければ、やがてその企業は夢を失ってしまいます。夢を失った企業では働く喜びも充実感も生まれない。ただ漫然と仕事をするだけの日々。そんな負のエネルギーが積もり積もって企業としての存在価値が失われていくのです。

起業とは夢から始まります。ソニーもまたそうでした。井深大という イノベーターと盛田昭夫という経営のプロフェッショナル。この二人の夢によってソニーという会社はスタートします。そして二人の大いなる情熱によって、会社はどんどん発展していき、社会から存在価値を認められるようになったわけです。

戦後の創業ながら、いわゆる「一流企業」の仲間入りを果たすのですが、実はそこに大きな落とし穴があったのです。一流企業になったソニーには、入社希望者が殺到します。ソニーで何がしたいということでなく、ソニーという会社の社員になりたい。ソニーに入れば一生安泰に暮らせるだろう。つまり「寄らば大樹《たいじゅ》の蔭《かげ》」という発想です。

こうした新入社員の存在こそが、企業の衰退の原因となっていくのです。組織の官僚化が進み、チャレンジ精神を失い、守りの姿勢になっていく。これがアーノルド・トインビーのいうところの「挑戦への応戦力の喪失」ということでしょう。

さらに日本社会が抱える問題点があります。それは起業家に対する尊敬度の低さです。夢を抱いて会社を興したい。これまでにないような会社をつくりたい。そんな夢を抱く若者たちに向ける視線があまりにも冷たすぎるのです。

「そんなことは無理に決まっている」

「夢みたいなことをいっていないで、もっと足元を見なさい」

「起業して失敗したらどうするんだ。人生は二度とやり直すことはできないんだぞ」

こうした大人たちの声に、若者の夢が潰される社会。これが日本の現状なのです。二〇一九年度世界長者番付二位のビル・ゲイツのように、稼いだお金の九五％は地球温暖化防止や感染症予防のために寄付し、明るい未来づくりに貢献されている行動を高く評価する社会を醸成したいものです。

ソニーの原点とは何か

開拓者魂を重要視し、「アメリカンドリーム」を国民が共有しているアメリカにおいては、九〇％の人がベンチャーを評価しています。若者たちが夢をもってチャレンジする。それを大人たちは「ナイス・トライ！」と応援します。たとえ失敗したとしても、「次の成功を目指せばいい」という言葉をかけてくれます。

実際にアメリカで中途採用の面接を受けると、このような質問をされることがあるといいます。

「君はこれまで何回くらい失敗してきましたか？」

日本であれば「大きな失敗をしたことはこれまでに一度もありません」という答えが求められるでしょう。ところが、アメリカでは「失敗は一度だけです」という答えよりも、「これまでに私は三回も失敗しました」という答えのほうが評価されるのです。失敗したことは悪いことではない。多くの失敗から学ぶべきことはたくさんあります。アメリカで評価されないのは

「同じような失敗を何度も繰り返す」こと。新しい失敗はどんどん積み重ねていけばいいのです。

実は、こうした考え方を井深さんと盛田さんは共有していました。ソニーの設立趣意書には

このように書かれています。

「自由闊達《かったつ》ニシテ愉快ナル理想工場ノ建設」

これがソニーの原点であり、ソニーという会社の本質なのです。

自由闊達にして愉快なる理想工場。失敗を恐れることなく、自分がつくりたいと心から思っている商品をつくる。「知好楽」という言葉がソニーにはあります。仕事をしていくためには、まずは仕事の知識を蓄えなくてはなりません。その知識が増えていけば、その仕事が好きになっていきます。自信もてるようになってくる。仕事が好きになってきたら、自然と仕事をすることが楽しくなってくる。知って好きになって楽しくなる。これこそが仕事の本質なのだと井深さんと盛田さんは考えていました。

仕事が楽しくなれば、自然と仕事に対するモチベーションは高くなります。仕事が大好きだという社員が増えれば、社内はプラス思考のモチベーションで溢《あふ》れてくる。社内で新しいチャレンジがどんどん生まれて、いわば社内ベンチャーの芽が出てくるのです。新しい芽は新しいビジネスチャンスにつながります。常に会社の中で血液の循環が行われている。こうした環境

ならば、三十年で会社の寿命が尽きることはないのです。

一九四六年、井深大と盛田昭夫によって起業された東京通信工業株式会社は、資本金十九万円、従業員数約二十名の船出でした。本社は東京・日本橋の白木屋三階。以来七十余年の歴史を刻んできたソニー（一九五八年にソニー株式会社に社名変更）は、いまや資本金八千八百二億円（二〇二〇年三月三十一日現在）、売上高（連結）八兆二千五百九十九億円（二〇二〇年三月期）の大企業に成長しました。では、いまも息づいているソニーのスピリットとはどのようなものなのか。ソニーのトップたちが大切にしてきたものとは何なのか。この章では井深大・盛田昭夫・大賀典雄《おおがのりお》という三人のトップが育《はぐく》んできたソニーの精神の本質を繙《ひもと》いていきたいと思います。

1　純粋な心をもったエンジニア・井深大さん

「ものづくり」に命を捧げた原点とは

一九〇八（明治四十一）年、井深さんは栃木県日光町（現・日光市）に生まれます。祖先は会津藩の家老。千石取りの士分だったようで、今ふうにいえば会津藩の経営幹部みたいなものでしょう。祖父の弟である井深茂太郎《しげたろう》は白虎隊に入り、飯盛山で自刃《じじん》したと伝えられています。また親族には明治学院の総理を務めた井深梶之助《かじのすけ》や、カトリック看護師教会の会長を歴任した井深八重《やえ》などもいます。これらをみても、相当な名家の出であることがわかります。

父親を三歳のときに亡くした井深さんは、愛知県に住む祖父の元に身を寄せます。父親はいなくとも、この祖父の教育がその後の井深さんに大きな影響を与えたようです。祖父は愛知県の発展に大きな貢献をした人物でした。義と慈愛に満ちた人物だったと伝えられています。また、父親の甫《たすく》が師と仰いでいたのが新渡戸稲造《にとべいなぞう》でした。新渡戸稲造が唱えていた「武士道」の道徳観念からも大なり小なり影響を受けたと思われます。

その後、一時期、母親と二人で東京で暮らすことになります。母親が勤めていた日本女子大学の付属小学校に入り、二人の生活が始まります。日曜日になると、母親はまだ幼い大を博物館や博覧会などに連れていったそうです。父親が優秀な技師（水力発電所建設技師）だったので、母は我が子もまた技術者になってほしいと願っていたのかもしれません。いずれにしても、井深さんの原点は、こうしたさまざまな環境に起因するのだと思います。

やがて「ものづくり」こそが井深さんの生涯をかけた使命となりました。早稲田大学理工学部を卒業後、写真化学研究所に入社、大学時代に発明した「走るネオン」をパリ万博に出品し、みごとに金賞を受賞します。この受賞が植村泰二《うえむらやすじ》氏の目に留まり、日本光音工業という会社に入社することになるのですが、実は東芝の入社試験に落ちているのです。当時の東芝は飛ぶ鳥を落とす勢いがあり、学生の憧れの会社だったのです。もしもあのとき、井深さんが東芝に入社していたら、ソニーという会社は誕生していなかったかもしれません。なんとも面白い運命の悪戯《いたずら》です。

そしてもう一つ、井深さんの人生に大きな影響を及ぼしたものがあります。それは早稲田大学時代、恩師である山本忠興《ただおき》氏の影響を受けて、キリスト教の洗礼を受けたということです。厳しさのなかにある井深さんの滋味溢れる優しさはキリスト教によって育まれたものかもしれません。

祖父から社会に対する貢献の大切さを教えられ、母親から科学の世界への扉を開いてもらった。そして会津藩に仕えた祖先から受け継がれた武士道精神。それらすべてが井深さんの原点となっているのでしょう。目の前の出来事にとらわれることなく、常に未来に目を向けていた井深さんは、自己満足のための「ものづくり」ではなく、真に人々の幸せを追求した「ものづくり」を目指しました。これがソニーという企業の哲学になっていったのです。

「夢を形にする」のが井深流開発哲学

「こんな商品をつくったら売れるだろうな」

「いまのこの技術を改良すれば、また儲かる製品ができる」

こうした考え方は経営者であれば誰もがもっているでしょう。会社の利益につながる製品を開発することこそ最優先すべきこと。そのためには、すぐには「形」にならない、どう考えても無理な製品開発には手を出さない。そう考えるのが普通です。しかしソニーの経営陣は、けっしてそういう考え方はしませんでした。

「パスポートサイズのビデオカメラをつくりたい」

井深さんがそういい出したとき、社員の誰もが耳を疑いました。そんなものがいまの技術でできるはずがない。パスポートサイズとは、手のひらに収まり、片手で撮影できる大きさです。そんなビデオカメラなんて、一九七〇年代当時はまるでＳＦ小説の中に登場する夢のような商品だったのです。

それでも井深さんはその夢を追い続けました。もちろんその夢を託された開発者たちはたまったものではなかったでしょう。どう考えてもいまの技術では難しい。開発にかかる費用もどんどん膨らんでいく。いつ実現できるかわからないような開発。それでも井深さんはこの夢を諦《あきら》めることはありませんでした。数年がすぎたころには社員に対してこういいました。

「もうこれは、損得ではないんだ。俺の夢だと思ってつきあってくれないか。責任は開発担当者にあるのではなく、すべて私にある」

井深さんにここまでいわれたら、もうやるしかありません。これはソニーという会社のためではない、井深さんのために頑張ろうと。そしてその結果、ソニーは一九八九年、ついに「CCD－TR55」という新商品の開発に成功し、世界中を驚かせる結果になるのです。

「パスポートサイズのビデオカメラをつくりたい」

井深さんがその夢を抱いてから、十六年という歳月が経っていました。こんな会社、こんな経営者は世界のどこを探してもいないでしょう。井深さんの未来を見据える目があればこそです。

そして、もう一ついえること、それは井深さんという人は、いわゆる専門家と呼ばれる人が嫌いでした。

「何か新しいことを始めようとするとき、専門家というのはすぐに欠点ばかりをあげつらう。そんなことは無理だとか、いまの技術ではできないとか。過去の経験や自分がもっている知識だけで判断しようとする。そんな発想では何も生まれない。その点、素人《しろうと》の発想は自由で面白い。専門家が聞けばバカにするようなことでも平気でいう。こんな商品ができないかなと。その突拍子もない発想が、これまでにないような新しい商品につながっていくのだ」

素人でもかまわない。技術的な知識が豊富でなくてもかまわない。そんなものではなく、夢を語れる人間を井深さんは大事にしてきました。たとえば、開発会議にしても、部長だろうが課長だろうが、新入社員であろうが、関係ありません。どんな立場の人間の言葉にも真剣に耳を傾けていました。

会社の中で経験を積んでくると、つい原価のことや営業戦略などが頭に浮かんできます。それも重要なことです。しかし、そんな過去の事例ばかりに気をとられていたら、いつしか自由で思い切った発想ができなくなってしまう。井深さんがいちばん嫌っていたことです。

たとえ新入社員のアイデアであっても、面白いと思えば「よし！　それをやろう！」と採用します。ではどのようにすれば実現できるかは、やると決めてから考えればいい。いちばん大切にすべきは、どのようにして実現させるかということではなく、強烈に抱いた夢なのです。

まずは夢ありき。こんな商品ができたらなという夢。こんな商品があればもっとみんなが幸せになるのにという夢。そこにこそソニーの哲学が宿っているのです。

本田宗一郎さんの井深論

井深さんは、生涯の盟友である、本田技研工業の創業者・本田宗一郎さんのことを『わが友本田宗一郎』（ゴマブックス）で以下のように語っています。

「本田さんは、自分を誇ったり、えらそうに見せることをいちばん嫌っていました。また、世間的な評価などはいっさい気にしませんでした。自分のやりたいことをやっているときが、いちばん楽しそうでした。後ろを振りかえることをせず、いつも前だけしか見ていませんでした」

「技術者として、本田さんと私とのあいだに共通していたのは、ふたりとも、厳密にいえば技術の専門家ではなく、ある意味で〝素人〟だったということでしょう。（中略）技術があるから、それを生かして何かしようなどということは、まずしませんでした。最初にあるのは、こういうものをこしらえたい、という目的、目標なのです。それも、ふたりとも人真似が嫌いですから、いままでにないものをつくろうと、いきなり大きな目標を立ててしまいます。この目標があって、さあ、それを実現するためにどうしたらいいか、ということになります」

「本田さんは『ネアカの大将』という言葉がぴったりの人で、ふだんは冗談ばかりとばしています。どんな席でも、本田さんがひとりいると、座がパッと明るくなる」

井深さんと本田さんに共通するもの、また井深さんにはなくて憧れていた性格なども含めて、井深さんがもっとも尊敬する先輩であり、また兄貴と慕う所以《ゆえん》なのでしょう。

私がソニーに勤務していた時代、もっとも縁が深かったのが森尾稔《みのる》（元ソニー副社長）さんです。森尾さんは入社四年目に、トリニトロン・カラーテレビのトランジスタ回路の設計を任されたといいます。当時のソニーでは社運を賭けた大プロジェクトです。

「井深さんは、たかだか入社四年目の自分にすべてを任せてくれた。もう必死で頑張りました。ひと月の残業時間は二百時間にもなりました。いまなら訴訟問題ですよね」

と森尾さんは笑っていいます。

なんとかして井深さんの夢を叶《かな》えたい。いや、同じ夢をもちながら、井深さんと一緒に歩いていきたい。社員たちの心の中にはそんな思いがあったのです。これこそが井深さんのず抜けたマネジメント・センスなのでしょう。もちろん井深さんは頭で計算していたのではありません。心の中に宿っている夢を共有すること。利益や成功を共にすることももちろん大事ですが、それ以上に大事なことがある。新しい商品を生み出すのではなく、新しい夢をつくり出すこと。それこそが井深さんのイノベーション魂なのです。

人間の幸福を追求し続けた人生

井深さんという人は、卓越した経営者である前に、エンジニアであり科学者でした。彼の天才的な感性がソニーの原動力となっていたことは間違いありません。しかし、彼が他の経営者と一線を画すのは、単なるエンジニアという枠組みで考えることをしなかったこと。彼が真に追求し続けたのは、表面的な新商品の開発ではなく、その商品が生み出すであろう人間の幸福でした。つまり井深さんの人生の基盤とは、人間にとっての幸福の追求だったのです。

人間にとっての幸福とは何か。この命題を人類は延々と考え続けてきました。しかし、これを深く追求したのは主に宗教や哲学という分野でした。現代になって心理学や精神医学などの分野でも追究されるようになりましたが、科学の分野では人間の幸福という明確な正解のない問いかけに、太刀打《たち》ちできませんでした。あるいは、そんなことは科学者の研究領域ではないという壁をつくっていたのかもしれません。ところが、井深さんという人は、科学者でありながら人間の幸福を追求し続けました。その意味で、井深さんは哲学者でもあったと私は思っているのです。

「人間の中には視覚・聴覚・嗅覚・味覚・触覚という五感のほかに、第六感というものがあります。それはとても感覚的なもので、現在では未だ科学的に明確にすることは難しいのですが、この第六感こそが、人間が何かを成し遂げるときの重要な要素になってきます。もちろん偉大な発明などには、長年の基礎の積み重ねが必要です。しかし、その基礎の最後に付け加えられるのが、いわゆるその人自身の『勘』『インスピレーション』みたいなものだと思います。優れた第六感がなければ、偉業というものは達成することはできないのです」

井深さんはノーベル物理学賞を受賞した江崎玲於奈《えさきれおな》さんとの対談でこのような内容の発言をしています。江崎さんも井深さんの考えと同じで、この能力こそが創造性だといっています。そして二人が一致するところは、こうした勘や創造性の基礎を育てるためには、小さいころからの教育が重要であると考えていたことです。

井深さんは、ソニーの経営にあたるかたわら、教育問題にも深く関わるようになります。一九六九年には「財団法人幼児開発協会」を設立し、自らが理事長に就任しています。子どもの才能を開花させるためには、早期教育こそが必要であると考えたからです。

しかし井深さんは、何も英才教育を推進していたわけではありません。学問ができるとか、知識を詰め込むとか、そういう表面的な教育ではなく、あくまでも子どもたちそれぞれが幸福な人生を歩むことができる基礎をつくっていくこと。それぞれがもっている個性を発揮させてあげること。そんな思いがあったのです。

一九五九年、ソニーは小学校に入学する社員の子どもたち全員にランドセルをプレゼントする活動を始めました。もちろん井深さんの発案です。当時、戦後の経済復興が進んできたとはいえ、庶民の生活はまだまだ豊かではありませんでした。いまでは安価でも丈夫なランドセルが出回っていますが、当時はとても高価な商品だったのです。せめてソニーの社員の子どもたちにはピカピカのランドセルを背負わせて小学校に通わせてあげたい。そんな思いで、「ＳＯＮＹ」のロゴマークが入ったランドセルが配られたのです。それから六十年以上が経ったいまでもこの活動は続いています、私の長女も「ＳＯＮＹ」のランドセルをもらい、それはいまも大事にとってあります。

井深さんは、自らの手で子どもたち一人ひとりに声をかけながらランドセルを贈呈していました。一九八八年、井深さんが八十歳を迎えたこの年も、子どもたちにランドセルを手渡ししました。優しい眼差しを向けながら、井深さんは子どもたちにこう語りかけました。

「もちろん頭がよくならないとお勉強もできないけれど、頭がよくなることよりも、もっと大切なことがあるんだよ。それはね、みんな一人ひとりがよい人間になることです。どうぞ、このことをいつも頭に入れておいてください」

人間にとっての幸せとは何か。それは「一人ひとりがよい人間になること」。井深さんの幸福論の中には、たしかにこの答えがあったのだと私は思います。そしてみながそれぞれの才能を発揮して、お互いにそれを認め合い、いつもよい人間であろうとすること。ソニーの社員として大切にしなければならないことは、そういうことなのだと、子どもたちへのメッセージに込めながら、井深さんは教えてくれたのです。

井深さんは、障がい者教育にも尽力しました。井深さんの次女・多恵子さんは知的障害をもっていました。同じ障がいをもつ子どもの親たちとの交流を深め、なんとかして子どもたちの可能性を伸ばそうと模索を続けたのです。人間には生まれもった才能が必ず宿っている。たとえ知的には遅れがあっても、それを打ち消してしまうほどの力が必ず宿っている。人間が秘めている可能性に対する絶対的な信念。井深さんはその信念をけっして失うことはありませんでした。

どんな人間にもすばらしい可能性が宿っている。それを引き出すことが幸福への近道になる。哲学者・井深大が導き出した一つの答えなのだと私は思っています。

昭和天皇に口止めをしたエピソード

井深さんの功績は国からも評価され、数々の勲章が授与されました。一九七八年、七十歳を迎えたときに勲一等瑞宝章《ずいほうしょう》。八六年には勲一等旭日大綬章《きょくじつだいじゅしょう》。八九年、八十一歳のときには文化功労者にも選ばれました。そしてソニーの名誉会長となった二年後の九二年、経済人として初めて文化勲章が贈られたのです。

世界にメイド・イン・ジャパンのすばらしさを知らしめたソニーですが、名誉なことに昭和天皇も幾度か視察に訪れていらっしゃいます。ソニーの本社はもとより、各地にある工場にも昭和天皇は足を運ばれました。特定の民間企業に天皇陛下が複数回訪れることは稀《まれ》だそうです。もちろん世界をリードする企業ということもあるでしょうが、昭和天皇は単にそればかりが理由ではなく、井深さんや盛田さんから話を聞くことが楽しかったのではないかと私は思っています。いまはこんな製品を開発しています。この商品は必ずや人々の幸せに貢献します。目を輝かせながらそんな話をする井深さんの姿に、昭和天皇は日本民族としての誇りを感じられていたのではないでしょうか。

また自由闊達に社員たちが働いている工場をご覧になることが、昭和天皇にとって、楽しく感じられたのだと思います。みんながいきいきと仕事をする姿。工場の中にいるだけでパワーをもらうことができる。昭和天皇にはきっとソニーという会社自体が心地よい存在だったのではないかと私は勝手に思っています。

昭和天皇のソニー視察において、面白いエピソードが残されています。一九六〇年、ソニーは世界で初めてトランジスタテレビの開発に成功しました。これは世界中がアッと驚くような商品でした。

そして一九六二年、マイクロテレビの生産ラインが動き始めます。しかし、この時点ではこの商品はシークレット中のシークレットです。発売されるまでは絶対に外部に漏《も》れてはならない。これは企業としての当たり前の戦略です。

マイクロテレビの生産ラインがいよいよ動き出したその時期、昭和天皇が見学にやってこられたのです。このとき応対したのが井深さんです。井深さんは世界最小のマイクロテレビを昭和天皇にそっと披露しました。そして小声でこういったのです。

「陛下。この新商品はまだ秘密裏に生産を進めているものですから、いまの段階では内緒でございます。どうかこの商品のことは、どなたにもお話にならないようお願いします」

もちろん、天皇陛下が軽々しく秘密を話されることなどありません。井深さんもついいって

1962年、54歳の井深さん

1962年、車に載せて観られるテレビを目指して開発された、世界最小・最軽量の白黒テレビ「TV5-303」。マイクロテレビの愛称でヒットした

生産ラインが稼働し始めたころ、昭和天皇が工場を訪れたため、井深大さんが「内緒にしてください」とお願いしたという逸話は有名

しまったことです。それでも宮内庁の人からはこういわれました。

「天皇陛下に口止めをされたのは、後にも先にも井深さんだけです」

そんな井深さんを昭和天皇は微笑ましく思われたのではないでしょうか。

昭和天皇が崩御された八年後の一九九七年十二月十九日、井深さんは八十九歳の生涯を閉じられました。

2 天性のプロ経営者・盛田昭夫さん

GHQによる公職追放後に運命の出会い

一九二一（大正十）年、盛田昭夫さんは愛知県名古屋市に生まれます。実家は四百年続く造り酒屋。盛田さんは十五代当主としての運命を背負って生まれてきました。後に実家の造り酒屋の当主からは退きますが、この環境こそが盛田さんの哲学の下地になったと私は考えています。

井深さんは、常に未来を見据える人でした。目先のことにとらわれることなく、遠い未来に焦点を合わせながら物事を進めていきました。十年後や二十年後のことなどわかるはずはない。そんな夢みたいなことを考えずに、現在のことに目を向けてほしい。そう心では思っていた社員もいたと思います。

一方、共同経営者であった盛田さんもまた、常に未来を見据える思考をもっていました。酒造りというものは一日にして成りません。何十年、何百年という時間の積み重ねの中から生み出されるものです。四百年も続く造り酒屋で育った盛田さんの心には、そんな時間の流れが染みついていた。それが井深さんの未来志向とみごとに合致したのだと私は思っています。

成績優秀だった盛田青年は、第八高等学校（現・名古屋大学）を経て、大阪帝国大学（現・大阪大学）理学部に進学します。理学部では物理学を専攻します。一九四四年、戦火が増すなかで盛田さんは学徒動員令によって、海軍の技術中尉として横須賀に派遣されます。そして翌年、大学を卒業した年に終戦を迎えることになります。

実はここで運命の悪戯がありました。戦争が終結したため、盛田さんは東京工業大学の講師という職を得ました。大阪帝国大学時代の研究が評価されたのでしょう。しかし、せっかく得たこの職を盛田さんは剝奪《はくだつ》されることになります。ＧＨＱによる公職追放令です。元海軍技術中尉という経歴がＧＨＱの目に留まってしまったのです。この時期、有能な多くの研究者が公職から追放されました。占領期における一つの不幸な出来事です。

さて、大学の講師という職を失った盛田さんは、職探しを始めます。実家に帰れば造り酒屋の当主としての職があります。おそらくそれは人も羨《うらや》むような仕事でしょう。しかし盛田さんは造り酒屋を継ぐことをしませんでした。その理由は詳細には知らされていませんが、このときから盛田さんの心には大きな夢が芽生えていたのかもしれません。いまとなっては誰も知ることはできませんが。

職探しをしていたある朝、盛田さんは偶然『朝日新聞』のコラムに目を留めました。「青鉛筆」というコラムに、井深大氏が会社を設立したという記述があったのです。盛田さんはすぐにその名前を思い出しました。実は一九四五年三月に行われた「戦時研究委員会」の場で、二人は出会っていたのです。盛田さんは大阪帝国大学の学生ながら海軍技術中尉という立場。一方の井深さんは日本測定器という会社の常務を務めていました。おそらく戦時という特殊な環境でなければ、二人がこの時期に出会うことはなかったでしょう。

すぐに盛田さんは井深さんを訪ねました。そうして翌一九四六年五月、盛田さんは東京通信工業の共同経営者として名を連ねることになるのです。「世界のＳＯＮＹ」誕生の瞬間です。

考えてみれば、このとき井深さんはあまりにもすんなりと盛田さんという青年を受け入れています。当時、井深さんは三十八歳、盛田さんは二十五歳です。大学を卒業したばかりの青年と運命を共にすることを決断した理由は何だったのでしょうか。おそらくそこに明確な答えは見つからないでしょう。しかし、このときから二人の心の底には「未来志向」という言葉が流

腕相撲に興じる第２代社長の井深大さん（右、任期1950 ～ 71年）と第３代社長の盛田昭夫さん（任期1971 ～ 76年）

れていたのかもしれません。輝く日本の未来をつくるため。世界中の人々が幸せに暮らせるような未来をつくるため。言葉には表さなくとも、二人には同じ道が見えていた。いちばん大切にすべきものが共有できていた。私にはそう思えるのです。

一九五〇年七月、ソニーは日本初のテープレコーダー「G型」を発売します。もともとは主に放送局用に開発された機器でしたが、学校の現場にも取り入れられることになったのです。「まえがき」にも著しましたが、発売から五年後の一九五五年、蓑宮少年は小学校五年生でした。放送委員をやっていた蓑宮少年は、毎日給食の時間になると、放送室から児童たちのリクエスト曲や朗読劇を流すという作業をしていたのです。

放送室に入ると、まだ家庭には普及していないテープレコーダーが置かれています。テープレコーダーやマイクロフォンに囲まれているだけで幸せを感じました。そしてそれらの放送機器には「東京通信工業（SONYの前身）」の文字が燦然《さんぜん》と輝いていたのです。それを見ながら、蓑宮少年は心に誓いました。「将来はこの会社に入るんだ」と。これが私とソニーとの出会いです。

運命とは不可思議なものです。もしも盛田さんが公職追放に遭《あ》わなければ、東京工業大学で研究者としての道を歩み続けていたかもしれません。東京通信工業を立ち上げた井深さんも、世界的企業にまで発展を遂げられたかはわかりません。そして何よりも、私の人生はどうなっていたでしょうか。ソニーとの出会いがなかったとしたら、いまごろはどんな人生を送っていたのでしょうか。もちろんソニーなき人生など想像さえしたくないものです。

SONYを世界に知らしめたアメリカ進出

一九五七年、ソニーは世界最小のポケッタブルトランジスタラジオの開発に成功します。気軽に持ち歩くことができる小さなトランジスタラジオ。この開発は画期的なものでした。

しかしこのころ、ソニーは世界ではまったくの無名でした。どんなにすばらしい製品をつくっても、それが売れなければ意味がない。世界に商品を知らしめるためにはどうすればいいか。それはやはり、アメリカ進出だと盛田さんは強く考えたのです。翌一九五八年、正式に社名は「ソニー」となります。なんとかこのブランドをアメリカに広めたい。

それは当時としては無謀ともいえる挑戦でした。なぜならば、当時の日本製品の評価はまったく低いものだったからです。「メイド・イン・ジャパン」はすぐに壊れる粗悪品の代名詞で、「メイド・イン・ＵＳＡ」こそが一流品の証《あかし》だとされていたのです。

なんとかしてＳＯＮＹブランドを有名にしたい。アメリカに負けないすばらしい製品であることを知ってほしい。盛田さんはすぐさまアメリカに「ソニー・コーポレーション・オブ・アメリカ」を設立し、自ら社長に就任しました。一九六〇年、三十九歳のときでした。

さらに一九六二年にはニューヨークの五番街にソニーのショールームを開設。ニューヨークの五番街といえば、世界の文化や経済の発信地です。この街にショールームを出すことは、すなわち一流であることの証のようなものです。おそらく当時の日本のビジネスパーソンなら、さすがに五番街に出店することは躊躇《ちゅうちょ》したと思います。「当社の製品はまだそこまではない」と。それは日本人がもつ謙虚さでもあるでしょうが、そんな心構えでは世界では戦っていけない。よい商品を生み出した次には、徹底したアドバタイジング戦略が求められる。広告宣伝とブランドイメージの構築。日本ではまだまだ経験値の低い戦略を、盛田さんは早い段階から実行していたのです。日本国内では広告という概念さえも浸透していなかったあの時代に、彼は世界最高の場所にSONYの名前を掲げていたのです。

そして四十二歳のときに、盛田さんは家族を連れてアメリカに移住することにしたのです。世界を驚かせるような新商品を井深さんは次々と生み出していきました。その才能は誰もが認めるところです。しかし、ただそれだけではSONYのブランドは世界には広がらなかったでしょう。広がったとしても十数年という年月がかかったと思います。そのSONYブランドを一挙に世界に知らしめたのが盛田さんだったのです。井深さんというイノベーターと、盛田さんというマーケッター。この類い稀な組み合わせこそが、世界のSONYをつくりあげていったのです。

アメリカ進出を軌道に乗せた一九六六年、盛田さんの発案によって、銀座の数寄屋橋《すきやばし》交差点に「ソニービル」が完成します。銀座のど真ん中。すなわち日本のど真ん中に「SONY」の文字を掲げたビルを建てたのです。ニューヨークの五番街と同じように、日本の銀座にもすばらしいショールームをつくりました。

当時のソニーは、それほど大きな売上ではありませんでした。売上は毎年順調に伸びていましたが、銀座にショールームをつくるほどではなかったと思います。普通の経営者ならば、おそらくはもう少し売上が伸びてから銀座につくろうと考えるでしょう。しかし、盛田さんは一気に銀座進出を図ったのです。しかも完成の記念として、ソニーの社員全員にソニービルの外

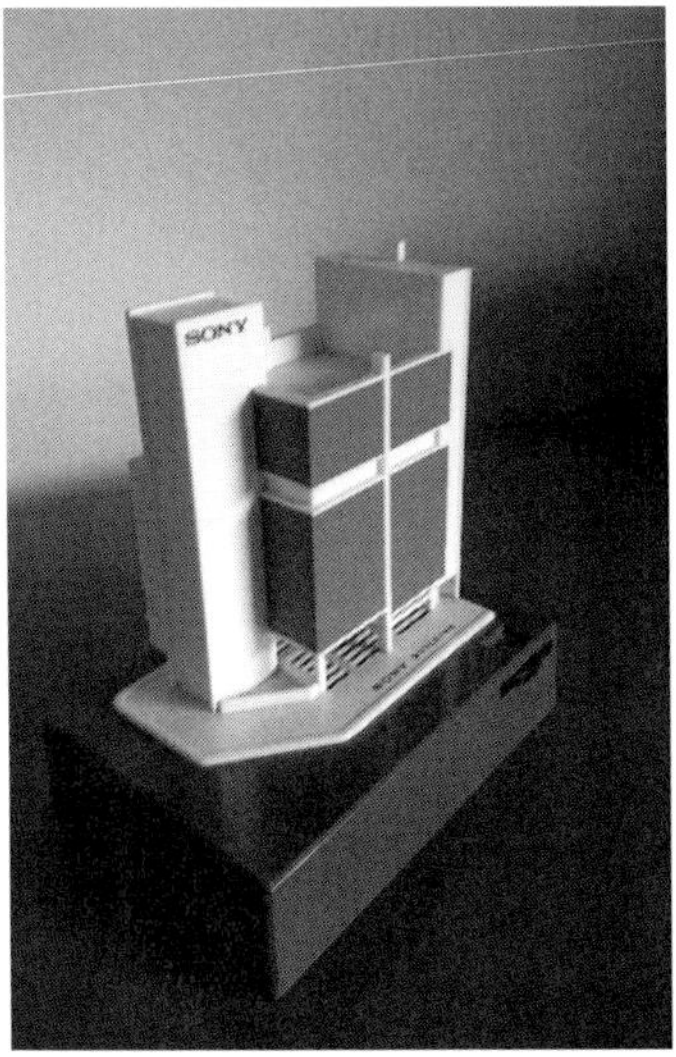

1966年、銀座の「ソニービル」竣工の記念に社員全員に贈られたトランジスタラジオ

観を模した筐体《きょうたい》のトランジスタラジオをプレゼントしたのです。このときのポータブルラジオは、いまでも現役で我が家の暖炉の上に鎮座しています。

これで社員の士気は一層高くなりました。銀座のど真ん中にＳＯＮＹのショールームが聳《そび》え立っている。その姿を見たとき、社員の胸は熱くなったことでしょう。自分はこの会社で仕事をしているんだ。自分はこの会社の一員なんだ。そこにはこみ上げてくる喜びと、密かな誇りがあったと思います。

これもまた、盛田さん流のアドバタイジングだったと思います。会社の外に向かって宣伝をするのは当たり前のことです。それだけでなく、会社の中で働く同志たちに対しても丁寧な宣伝をする。ソニーが目指しているのはこういうものだ。ソニーはこれからこういう道を歩んでいくのだ。そういう明るく輝く未来を社員に向かって伝えていく。未来を見据える二人の視線。その視線をより具体的に知らしめようとしたのが、盛田さんという経営者だったのです。

好奇心旺盛でとことんネアカな人

「私たちは、人々が楽しくなるような商品をつくっている。そのつくる側の人間が、人生を楽しまなくてどうするんだ」

これが盛田さんの口癖でした。好奇心旺盛な盛田さんは、とにかく面白そうだと思ったことはすぐにチャレンジしました。早くからテニスに親しみ、スキーを始めたのは五十歳のときです。五十五歳でゴルフを始め、六十歳でスケートにチャレンジした。そしてスキューバダイビングを始めたのはなんと六十七歳を過ぎたころでした。

それらの趣味を盛田さんは心から楽しみました。もちろん真剣にやるからこそ楽しみがわかる。年齢などまったく関係なく、どの趣味に対しても真っ正面から取り組んでいたのです。そしてそれらの趣味を通して、盛田さんはさまざまな人脈をつくっていきました。

趣味によって、集まってくる人間は違ってきます。ゴルフが趣味の人と、スキューバダイビングが趣味の人では、おそらく年代や嗜好《しこう》も違ってくるでしょう。つまり盛田さんは趣味の範囲を広げることによって、多種多様な人脈をつくることができたのです。

どうして多種多様な人脈をつくることがよいことなのか。それは、さまざまな価値観をもった人と接することで、さまざまな視点からのアイデアが生まれてくるからです。スキーが趣味の人たちと、ゴルフが趣味の人たちとでは求める商品は自《おの》ずと違ってきます。盛田さんは新商品のアイデアの幅を広げるという意味でも、さまざまなことにチャレンジしていたのでしょう。

もちろん初めは「楽しそうだな」と思う心からです。初めからアイデアを求めて趣味をやるのではありません。スタートはあくまでも人生をエンジョイするため。せっかく生きているのだから、楽しまなくては損だ。マイナスのことを考えて落ち込んでいては何も始まらない。常に前を向いて明るく生きること。そんなネアカの姿勢をとても大事にしていたのです。

ネアカになれといわれても、性格的になかなかなれないという人もいるでしょう。また、常に明るくいることも難しいでしょう。誰だって落ち込むことはあるものです。しかし盛田さんは、それでもネアカでいなさいといいます。

「ネアカになれないときはネアカの振りをしろ。そうすれば社員ばかりでなく自分も騙《だま》されてネアカになっていくんだ」

経営者はもちろん、やはり会社にとって大切なことは明るさだと思います。明るさは勇気をくれます。明るさは互いの気持ちを鼓舞《こぶ》します。そして明るさがあれば、心の絆《きずな》も生まれてくる。苦しいとき、それを乗り越える力になってくれる。いつもネアカでいることは、企業にとってはとても大切なことであると盛田さんは常々仰っていました。

盛田さんのこの精神を私自身も大切にしてきました。仕事は辛《つら》いもので、趣味は楽しいもの。それは間違いです。もしも仕事が辛いものであれば、人生の半分は辛さの中で生きなければなりません。趣味の時間の中にしか楽しさがないとすれば、楽しい時間は人生の中でとても少なくなってしまう。そんな生き方をしていると損です。

仕事も楽しいいし、趣味の時間も楽しい。両方を楽しめる心さえもっていれば、人生のすべての時間が楽しいものとなります。

また私の経験からすれば、仕事ができる人は遊び方も上手です。心から遊ぶことを楽しんでいる。それは「一生懸命に」遊んでいるからです。仕事も遊びも一生懸命に手を抜かずにやるからこそ、得もいわれぬ充実感が生まれてくるのです。

マイケル・ジャクソンから届いたヒーリングテープ

「青春とは人生のある期間をいうのではなく心の様相をいうのだ。優れた創造力、逞《たくま》しき意志、炎《も》ゆる情熱、怯懦《きようだ》を却《しりぞ》ける勇猛心、安易を振り捨てる冒険心、こういう様相を青春というのだ」

かの有名な「青春」という詩の冒頭部分です。作者はアメリカの詩人サミュエル・ウルマン。敗戦後の日本を世界第二位の経済大国へと導いた産業人たちの多くがこの詩を座右の銘にしていたそうです。財布の中にこの詩を忍ばせていた経営者もいたといいます。盛田さんもまた、この詩を胸にソニーという会社を世界のトップに押し上げるべく努力をしました。その結果、一九七〇年八月五日、日本企業で初めてニューヨーク証券取引所に上場を成し遂げ、ソニーを世界的企業にしたのです。

サミュエル・ウルマンの名を冠した賞があります。日米の親善に貢献した人に与えられる「サミュエル・ウルマン賞」です。実はこの賞の第一回受賞者が盛田さんでした。一九六〇年からアメリカに進出し、日米の経済交流の基盤を築いてきた功績とバイタリティーが評価されたのです。

一九九二年、盛田さんが愛した詩人サミュエル・ウルマンが「青春」という詩を書いたとされる自宅が取り壊しの危機に晒《さら》されていることがわかりました。なんとかしてサミュエルの家を残せないものか。盛田さんは東洋紡績（現・東洋紡）名誉会長の宇野収《おさむ》さんや、松下電器産業（現・パナソニック）会長の松下正治《まさはる》さんらとともに、サミュエルの自宅を残すというプロジェクトを立ち上げました。そして驚くことに、たったの二カ月で三千万円近い寄付金が集まったのです。多くの日本の経営者たちが、ポケット・マネーを出し合ってサミュエルの自宅を守ったのです。そこは現在サミュエル・ウルマン記念館として日米親善のシンボルとなっています。日本企業は海外に対して経済的な利益を求めるだけではなく、文化的な交流も大切にしていく。そういう盛田さんの姿勢こそがソニーのＤＮＡとして受け継がれてきたのです。

文化的な交流といえば、アメリカに進出した盛田さんは、ソニーの商品を展開するだけでなく、音楽業界やゲーム業界といったソフトの分野にも進出していきました。ハリウッドに「ソニー・ピクチャーズ エンタテインメント」を設立し、ハードウェアから始まり、エンターテインメント全般に進出を図っていったのです。これが盛田さんの目指した「世界進出」でした。もしもソニーが家電メーカーとしてだけでアメリカ展開をしていたら、おそらくこれほどまでの「SONY」ブランドは世界中に広まることはなかったと思います。

ポップの神様といわれたマイケル・ジャクソンも盛田さんを心から慕っていました。あまり知られてはいませんが、一九八七年にマイケルが横浜スタジアムでコンサートを開催した日が、たまたま盛田さんの奥様の誕生日でした。マイケルはコンサートを終えたあとで盛田さんの自宅を訪れて、奥様のお祝いをしたのです。

一九九三年、盛田さんが病に倒れたとき、海外から最初にメッセージを届けたのがマイケルだったそうです。それはマイケル自身の声で「ミスター盛田、あなたは必ずよくなる。必ず話せるようになる」という音声が録音されたヒーリングテープでした。そして手紙にはこう書かれていたそうです。

「このテープを朝、昼、晩にかけて聴かせてあげてください。マイケル・ジャクソン」

奥様はそれから毎日マイケルのテープを盛田さんに聴かせました。病に倒れてから六年間、盛田さんが亡くなる日までマイケルの声が盛田さんのベッドに流れたのです。

マイケルは盛田さんにいつも尋ねていたそうです。

「どうしたら自分はもっと尊敬される人になれるのだろうか」

「僕は誰を信じたらよいのだろうか」

二人の心の交流は、きっと二人にしかわからないでしょう。しかし、これだけはわかります。盛田さんという人は、国や性別や年齢を超えて、目の前にいるその人の本質を見ていた。澄み切った心の眼をもっていた。そんな人物だったと私は思っています。

盛田さんは井深さんが亡くなった二年後の一九九九年十月三日、七十八歳の生涯を閉じられました。

3　商品企画のプロフェッショナル・大賀典雄さん

知性と感性の才能を兼ね備えた人

一九三〇（昭和五）年、大賀典雄さんは静岡県沼津市で七人兄弟の次男として生まれます。

父親の大賀正一は材木商を営《いとな》み、当時はフランス領であったインドシナにも店を構えるなど成功を収めていました。実家はとても裕福だったようです。

子どものころから機械いじりが好きで、手当たり次第にいろいろな機械を分解したり組み立てたりしていたそうです。そのころの子どもたちの遊びといえば兵隊ごっこです。大賀少年はいつも通信兵の役。両耳レシーバーを二つに分解した電話機で通信兵役を演じていました。理系の大学に進み、エンジニアとしてものづくりをしたい――彼の夢は技術者になることでした。

しかし敗戦を迎え、さまざまな事情によって理系への希望が叶わなくなります。次なる道を探していたとき、たまたま日比谷公会堂で中山悌一《ていいち》の歌声に感動し、音楽大学への進学を目指すことになります。そして東京藝術大学音楽学部声楽科に入学。幼いころから理系の「知性」の頭脳をもちつつ、音楽という「感性」の才能をも開花させた、なんとも羨ましいほどの才能の持ち主だったのです。さらに恵まれていたのは、東京藝術大学への入学が決まると、父親は東京の両国《りょうごく》に土地を買い、息子のためにグランドピアノ付きの家を建ててくれたことでした。

東京藝大を卒業した大賀さんは、西ドイツ（当時）に留学します。ミュンヘン国立高等音楽大学で学んだ後、ベルリン国立芸術大学に移り、同大学の音楽学部を卒業します。このときの留学経験は、その後の大賀さんの人生に多大なる影響をもたらすことになりました。ベルリン・フィルハーモニーのヘルベルト・フォン・カラヤンという世界的な指揮者との出会いもこの留学時期だったのです。

帰国後の大賀さんはバリトン歌手として順調な音楽家人生を歩んでいました。その大賀さんが、どうしてソニーと関わることになったのか。それは盛田さんとの縁があったからです。

東京藝術大学の学生時代、音楽の勉強にも励みましたが、音楽と同じくらいのめり込んでいたのが、レコードを聴くためのアンプづくりでした。当時はまだ既製品のアンプが手に入りにくく、よい音で聴きたいと思ったら、自分でアンプをつくるしかありませんでした。といっても、どうすれば自分でつくることができるのか。当時のアメリカでは「ウィリアムソンアンプ」の音質がよいと評判になっていました。そこで大賀さんはアメリカから回路図をわざわざ取り寄せて、アルミ板を曲げて、外枠をつくることからアンプづくりを始めたのです。よい音が聴きたいというのが目的ですが、それに加えてものづくりが大好きだった。これもまた大賀さんでなければなしえないことでした。

大賀さんがアンプづくりに夢中になっていたころ、ソニーはテープレコーダーを発売していました。もちろん、大賀さんもソニー製のテープレコーダーを買い求めた。ところが、大賀さんはそのテープレコーダーの音質にクレームをつけたのです。「このテープレコーダーの音質はよくない」と。

東京藝大で音楽を学ぶ学生がつけてきたクレーム。普通の会社であれば無視していたかもしれません。まあ、相手にされなくて当然でしょう。しかし、この大賀さんのクレームに耳を傾けたのが盛田さんでした。

なかなか面白い学生がいる。単なるクレームだと思っていたけれど、彼の音質に対する指摘には非常に鋭いものがある。この学生は鋭い感性の持ち主かもしれない。盛田さんは生意気な学生である大賀さんの感性を素直に認めたのです。このことがきっかけになって、大賀さんはソニーの前身である東京通信工業の嘱託《しょくたく》に任命されることになりました。もちろん音楽の勉強がメインですが、学生ながら二足のわらじを履《は》くことになったわけです。そして不思議な縁というか、井深さんも大賀さんのことを知っていた。大賀さんが大学に進学する前に、井深さんは知り合いの出資者から大賀青年を紹介されていたのです。

人との出会い、縁というのは面白いものです。たとえば盛田さんと大賀さんは年が九つ離れています。これが、もしも二人が同い年だったとしたらどうだったでしょうか。あるいは二歳くらいしか離れていなかったら……。おそらくクレームをつけてくる大賀さんに対して、盛田さんは反発したかもしれません。「何もわからないくせに、偉そうなことをいうな」と、感情的になって大賀さんの話を無視したかもしれない。そうなれば、その後のソニーの姿は大きく変わっていたと思います。

九歳という年齢差があったからこそ、盛田さんは大賀さんのクレームを素直に聞くことができた。生意気な学生だった大賀さんのことを面白がって受け止めることができた。そして大賀さんより二十歳以上も年上の井深さんは、ゆったりとした目で二人のことを眺めていたのだと思います。

どんな人と出会うか。それはとても大事なことです。そして誰と出会うかということと同じくらい、いつ出会うかということも重要です。誰といつ出会うか。この二つの糸がうまく撚《よ》り合ったとき、新しい何かが生まれてくる。縁とはそういうものなのかもしれません。

ソニー製品の価値を高めたデザインセンス

一九五九年九月、大賀さんは井深さんと盛田さんに誘われてソニーに入社します。それまでの嘱託ではなく、正式なソニーの社員となったのです。そして入社一年目にして、大賀さんは第二製造部の部長に抜擢されます。まだ二十九歳という若さでした。

さらに大賀さんは広告部長とデザイン室長も兼務。これがソニーのブランド価値を一気に高めるきっかけとなるのです。大賀

バリトン歌手から第５代ソニー社長になった大賀典雄さん（任期1982～95年）

さんのデザインセンスは抜群でした。「ＳＯＮＹ」のロゴをデザインしたのも大賀さんです。大賀さんは当時の主流商品であったトランジスタラジオやテープレコーダーにもインダストリアルデザイン（工業デザイン）を取り入れていったのです。

当時、インダストリアルデザインに目を向けるメーカーなど日本にはほとんどありませんでした。重要なのは製品の品質で、見た目などそれほど重要ではなかった。しっかりした品質のものさえつくればお客様は満足してくれる。そういう商品づくりが大半を占めるなか、大賀さんの発想は違っていました。同じラジオを買うのなら、格好のよいほうがいいに決まっている。もっていて格好のいいもの。とくに若者世代は見た目を大事にする。デザインは必ず製品の付加価値を高めてくれると信じていたのです。

この発想が正しかったことはすぐに証明されました。大賀さんが取り入れたインダストリアルデザインが若者をはじめとした消費者の心をとらえたのです。このころになると、テープレコーダーは他社でもどんどん生産されていました。機能的に見ればどのメーカーもそれほど大きな差はなかったと思います。とくに日本のメーカーは丁寧につくりますし、他社の商品はソニーの商品に比べて価格が安かった。お店に並ぶと、ＳＯＮＹブランドだけが価格が高いのです。にもかかわらず、ソニーの製品は次々とヒットを生みました。

「ソニーのものは格好いい。少しくらい値段が高くても、品質がよいし、やっぱりソニーがい

ドイツ博物館に展示されているライト兄弟が世界で初めて空を飛んだ複葉機(写真左上)。中央が筆者

い」。消費者にそう思わせる力。それこそがデザインの力なのです。

では、どのようにして大賀さんは、時代を先取りしたデザイン力を身につけたのでしょうか。もちろん理系の頭脳も音楽の感性も併せ持った人ですから、デザインセンスがよくても不思議ではないでしょう。しかし私なりに大賀さんの経歴を見たとき、彼のデザインの原点はドイツにあるのではないかと思うのです。

大賀さんは東京藝術大学を卒業すると、西ドイツに留学しました。このドイツ留学時代に、大賀さんはインダストリアルデザインや国際感覚を自然に身につけていったのだと思っています。そう思うきっかけとなったのは、私が二〇二〇年にドイツを訪れたとき、たまたまミュンヘンのドイツ博物館を案内される機会に恵まれました。ドイツ博物館には、歴史的に価値の高い工業製品の実物が展示されています。たとえば、ライト兄弟が発明した世界初の有人動力飛行機・フライヤー・スタンダードA号、ジーメンスの最初の電気機関車、潜水艦Uボート、世界最初のロケット、BMWやメルセデス・ベンツ等の自動車なども間近に見ることができます。また当時の産業を支えた石炭坑道も実物大で再現され、発掘現場の姿がわかる。これまで人間が開発してきた文明の利器が東京ドームとほぼ同じ面積にたくさん展示されているのです。

　ドイツ博物館で歴史的な展示物を見たとき、私はそこになんともいえぬ美しさを感じたのです。百年前につくられた工業製品なのに、どうしてこんなに美しいのだろう。現代の製品とは違うけれど、そこには現代にはない美しさがある。要するにデザインには古いも新しいもない。たしかに流行はあるかもしれないが、普遍的な美しさは色褪《あ》せることはない。ヨーロッパが築いてきたインダストリアルデザインのすばらしさがそこには凝縮されていたのです。

　大賀さんはドイツ留学時代に、きっとこのドイツ博物館を幾度も訪れたと思います。ただ単に展示物に歴史を感じるだけでなく、美しいデザインに目を向けていたはずです。その過程でヨーロッパの長い歴史が育んできた工業デザインのセンスを身につけたのだと私は思っています。

　いずれにしても、大賀さんの加入によって、ソニーブランドは一層磨かれていくことになります。世界のどこに出しても恥ずかしくないどころか、世界の流行さえも牽引していくようなデザイン。いつしかソニーの製品は「一流のデザイン」としての地位を築いていったのです。

独特の睡眠法でジェット機の操縦免許を取得

井深さんや盛田さんと同じように、大賀さんもまた好奇心とチャレンジ精神が旺盛な人でした。どんなに忙しくても、やりたいと思ったことはすぐに行動に移す。自分が好きなことをやるための時間はつくるもの。この姿勢こそ三人が人生の中で大切にしてきたことでした。実際に大賀さんはソニーに正式に入社し、取締役になってからもしばらくはバリトン歌手としての活動もしていました。成長盛りの企業の役員と世界を舞台にしたバリトン歌手。まさに「スーパー二足のわらじ」といえるでしょう。趣味で音楽をやっている経営者はたくさんいますが、大賀さんの音楽は趣味の世界ではなく、完全なプロの世界なのですから。こんなことは誰にも真似ができないでしょう。

大賀さんは三十代の前半にジェット機の操縦免許を取得していますが、本格的に操縦したのはソニーがビジネスジェットを購入してからです。一九七〇年代にビジネスジェットをもつ日本企業はまだまだ希少でした。しかし早い時期から世界進出を視野に入れていたソニーは、いち早く自前のビジネスジェットを購入したのです。

せっかくジェット機をもったのだから、自分も操縦してみたい。大賀さんはそう考えたのです。こんな発想をする人はなかなかいません。ましてジェット機の免許取得は相当に難関です。自家用操縦士という国家資格を取得するためには学科だけでも「航空工学」「航空気象」「空中航法」「航空通信」「航空法規（国内・国際）」といった専門知識を身につけなければなりません。多忙な会社生活と音楽活動を続けながら免許を取るための勉強をするのはたいへんなことです。どこにそんな時間があったのでしょうか。答えは一つしかありません。それは睡眠時間を削ることでした。

実は大賀さんは少し変わった睡眠の取り方を実践していました。ソニーの役員は、立場上、多くの宴席に出席しなければなりません。企業のトップとの会食や海外からの客人の接待まで、断ることのできない宴席はたくさんあります。大賀さんは、それらの宴席には必ず足を運ぶのですが、二次会に出ることはありませんでした。どんな宴席でも、夜の九時か十時には必ず家に帰り、すぐに就寝します。この仮眠を取り、夜中の二時ごろには起きて、明け方の四時くらいまで勉強の時間に充てていたそうです。自家用操縦士の免許取得の勉強も深夜の時間を利用していたといいます。勉強が終わると再び床に入り、朝の六時くらいまで再び仮眠を取ります。起きてから朝食までの時間は仕事関係の勉強です。こういう生活のリズムを守っていたのです。

「人間が熟睡できるのは寝入りばななのです。寝入りばなの二、三時間がもっとも睡眠は深くなります。だから私は一日の中で二度も熟睡していることになるのです。これは健康にもよいし、かつ勉強の時間も生み出せることになるのです」

大賀さんは何かの取材でそういう発言をされていますが、理屈ではわかっても、なかなか実行できないものです。とくに二次会と三次会が楽しい時間である私には到底できないことです。

猛勉強の末、学科試験をクリアした大賀さんは、実技試験もみごとパスし、四十四歳のときに自家用操縦士の免許を取得します。それだけでも快挙ですが、大賀さんはその後も七種類もの国家資格を取りました。航空機は機種によって操縦の方法が違います。プロペラ機でもシングルエンジンとマルティプルエンジンでは免許が別なのです。また、実際の飛行では管制塔や他の航空機と交信するため航空無線の免許が必要ですが、日本では操縦士の資格に含まれていないため、別に航空特殊無線技士か航空無線通信士の資格が必要となるのです。いずれの免許も、生半可な知識と技術では取れるものではありません。

大賀さんはなんと六十五歳になってから「ダッソー・ファルコン９００Ｂ」というジェット機の免許を取得しました。ジェットエンジンを三発も装備し、航続距離八千三百四十キロメートルの長距離型の高速ビジネスジェット機です。普通のパイロットは六十歳になるとおおむねリタイアします。しかし大賀さんは六十五歳になっても大型機種の免許取得にチャレンジした。これには運輸省（現・国土交通省）の試験官が驚いていたそうです。もちろん結果は合格でした。

そういえばいつだったか、私が台湾に出張することになりました。ちょうど大賀さんも台湾に行くという話が聞こえてきました。しかも自ら操縦するという。私も台湾に出張することを知った大賀さんは、さっそく私を誘ってきました。

「みのさん、台湾の出張、一緒に行かないか？　俺がジェットを操縦するから、乗って行けよ」

ニコニコしながら大賀さんは私を誘いました。口には出せませんせんが、やはり大賀さんの操縦するジェット機には乗りたくありません。

「いやあ、台湾に入る前に行かなければならない場所がありますので、今回は残念ですがご遠慮します」

私もまた、ニコニコしながら大賀さんにいったことを覚えています。

「夢の共有」こそソニーのDNA

大賀さんは色紙を頼まれると、いつも「夢」という文字を書いていました。大賀さんがもっとも好きな言葉であり、井深さん、盛田さんも共有していた言葉です。「夢には国境がない」。これがソニースピリットの根幹となっているのです。

前述のとおり、大賀さんはドイツに留学していたとき、世界的な指揮者であるヘルベルト・フォン・カラヤンと知己《ちき》を得ます。もちろんこのときは音楽家同士としての出会いでした。その後、大賀さんが本格的にソニーの音楽ビジネスを始めたときも、カラヤンとの交流は続いていました。カラヤンの指揮による楽曲を音源に落とし込み、それを世界中のファンに届けたい。二人は同じ夢を共有していたのです。

一九八九年七月、大賀さんは音楽出版の打ち合わせのためオーストリアのザルツブルクにあるカラヤンの自宅を訪れました。大賀さんは「カラヤン先生」と呼び、カラヤンもまた大賀さんのことをとてもかわいがっていました。

病床にあったカラヤンは、その日はとても調子がよく、ベッドに身を起こして大賀さんといろいろな話をしました。二人とも飛行機が好きで、その話題で盛り上がっていたそうです。さて、そろそろ仕事の話をしようとしたとき、カラヤンがベッドの上に倒れ込みました。大賀さんは慌ててカラヤンを抱きかかえ、すぐに医者の手配を頼みました。しかし、間に合いませんでした。世界的な名指揮者カラヤンは大賀さんの腕の中で息を引き取ったのです。きっとこのとき大賀さんは心の中で誓っていたでしょう。

「カラヤン先生、あなたとともに抱いた夢は、私が必ず実現させますから」

「夢の共有」。それこそが大賀さん、いや、ソニーをつくりあげた三人の経営者がもっとも大切にしていたことだと私は思っています。自分自身が夢をもつのはもちろんのこと、一つの夢を共有していく。あるいは、誰かが抱いた夢を一生懸命に応援していく。そういうソニーのDNAが「幸福な夢の連鎖」を生み出してきたのだと思います。

大賀さんは私をとてもかわいがってくださいました。大賀さんは私に自分の夢を話し、また私自身の夢も聞いてくださいました。お互いに夢の話を語り合う。考えてみれば、こんな幸福な時間はありません。

大賀さんにはお子さんがいませんでした。そのせいかどうかはわかりませんが、どこか私のことを息子のように思っていたのかもしれません。大賀さんは部品メーカーの展示会のとき、私の背後からニコニコしながら私の頭を撫《な》でました。私はそのとき事業部長という立場でした。大人になってから頭を撫でられたことなど一度もありません。普通であればカチンとくるような行為ですが、なぜか嬉しく感じたものです。大賀さんにされると不思議なことに腹も立ちません。仕事には厳しいけれど、心の底から相手を愛することができる。純粋な愛情を表現できる人。そういう人であったと私は思っています。大賀さんは二〇一一年四月二十三日、八十一歳で生涯を閉じられました。

4　ソニーのＤＮＡを受け継いだソニーマンたち

デジタル時代を牽引した出井伸之さん

井深大、盛田昭夫、大賀典雄の三人によって築かれたソニー。彼らが大切にしていた理念や哲学は、その後の経営者たちにもしっかりと受け継がれていきました。すべての人物を取り上げることはできませんので、私が印象に残っている他の四人のソニーマンのことを書きたいと思います。

アナログからデジタルへ大きく舵を切った第６代社長の出井伸之さん（任期1995～2000年）

まずは第六代社長に就任した出井伸之《いでいのぶゆき》さん。一九九五年に五十七歳で社長に大抜擢された人物です。以来十年にわたって、新しい時代のソニーを牽引しました。

常に未来を見据える視線。創業以来ソニーの経営者がもっとも大切にしてきたことです。出井さんが社長に就任した時期は、まさにアナログからデジタルへ移行する激流の真っただ中にいた時代です。やがてデジタルの時代がやってくる。多くの経営者たちはそう考えていましたが、それがどういうことなのかはまだ十分に理解していなかったのです。

しかし出井さんは、デジタル時代の到来を次のような言葉で表現していました。

「地球に隕石《いんせき》が落ちて、地球上でそれまで暮らしていた恐竜たちは絶滅します。アナログからデジタルに移り変わるということは、それくらいの大きな変化であることに気づかなければなりません」

そこで出井さんが打ち出したのが「デジタル・ドリーム・キッズ」というスローガンでした。将来のソニーの顧客となるデジタル時代に生まれた子どもたち。その子どもたちの夢を叶えるような企業にならなくてはいけない。そのためには自分たち自身が新しい技術環境に目を輝かす「デジタル・ドリーム・キッズ」であることだと。これまでの技術を否定するのではなく、さらなる未来を見据えた開発を目指していく。その第一歩として出井さんはパソコン事業への参入を宣言したのです。

一九九六年に発表した「ＶＡＩＯ」は全米を熱狂させました。過去にこだわることをせず、時代を見据えた素早い方向転換。これこそがソニーのＤＮＡといえると私は思っています。

錦織圭選手を世界に送り出した盛田正明さん

ソニーという会社は、製品づくりだけに魂を込めていたのではありません。大賀さんが音楽などのソフトの分野に進出したように、芸術・文化への貢献をとても大切にしていました。

このスピリットは盛田正明《まさあき》さんもしっかりと受け継いでいた。正明さんは盛田昭夫さんの弟で副社長です。その正明さんが立ち上げたのが「盛田正明テニス・ファンド」でした。そのとき、正明さんは雑誌の取材を受けて次のように答えていました。

「私はテニスの愛好家です。しかし残念ながら日本のテニスはけっして世界では強くありません。有望な日本の選手をサポートするシステムをつくりたいと思いました。とにかく人のやらないことをやれ。これが井深さんの口癖でした。この言葉に後押しされて、私はファンドを立ち上げることにしたのです」

アメリカのフロリダ州にあるテニスアカデミー。ここには世界中から有望な若者が集まってきます。十代半ばからこのアカデミーで鍛えられ、そして世界的プレーヤーとして巣立っていく選手は大勢います。しかし金銭的には相当な負担を強《し》いられることになる。とても一般家庭の子どもが行けるような場所ではありません。そこで正明さんが立ち上げたファンドの援助を受けて、有望な日本の子どもたちをアカデミーへと送り込んだのです。そのなかにいたのが錦織圭《にしこりけい》選手であることはあまりにも有名です。子どもたちの夢を応援する。これもまたソニー

錦織圭選手を世界的テニスプレーヤーに育てた元副社長の盛田正明さん

の経営者たちが大切にしてきたことなのです。

盛田正明さんとの思い出を二つほど紹介します。正明さんが副社長で、私がまだ係長くらいだったころの話です。あるとき私は副社長室に呼び出され、正明さんから指示を受けます。

「みのちゃん、今度新しいプロジェクトを立ち上げようと考えているのだけれど、事前調査をやってくれないか。一週間で調査結果をレポートにまとめてほしい」

副社長直々《じきじき》の指示です。どうして私だったのかはわかりませんが、とにかく頼りにされたことが嬉しくて仕方がありませんでした。自分だけが特別な存在みたいな気持ちになっていたのです。

ところが一週間後、私への指示と同じ指示を三人の人間にしていたことがわかりました。企画部の私、設計部門の人間、そして開発部門の人間の三人に同じレポートの宿題を出していたのです。もちろん三人ともそんなことは知りませんでした。

どうして正明さんは三人に指示したのか。なぜそれを黙っていたのか。初めから三人を集めてしまえば、お互いに摺《す》り合わせをする可能性があります。その結果、ごく平均的なレポートの内容になってしまうかもしれない。そんな意見など正明さんは聞きたくもなかったのです。さらに、一人だけに調査を任せても、期待通りの結果が出ないかもしれない。それは当然のことです。私は少しがっかりしましたが、あのときに経営者としての厳しさを教えられたような気がします。

正明さんはとても温厚で物腰の柔らかい人でした。ある大事な会議のとき、私の部署の上司の清木正信さんが会議の時間になっても現れません。清木さんが来なければ会議は始まらない。もうすでに十分以上も遅刻している。会議のトップである正明副社長以下、全員顔を揃えて席に着いています。私だけでなく、周りの人間はひやひやです。副社長を待たせるなど、絶対にあってはならないことです。しばらくして、汗をかきながら清木さんが会議室に飛び込んできました。

「遅れまして申し訳ございません」

平身低頭の清木さんの顔面はひきつっていました。そのとき正明さんはゆったりとした口調でいいました。

「清木さん、心配したぞ。何か事故でもあったのかと。とにかく無事に来られてよかった。さて、会議を始めようか」

こんな大きな心で包まれると、こんな思いやりをかけられると、部下としては「参りました」の一言しかありません。この人のためなら何でもやろう。きっとそう思っていた社員はたくさんいたと思います。厳しさと思いやりの両面を備えることは、なかなか難しいことです。言葉でいえば簡単ですが、自然にできることではありません。これもまたソニーの経営者に受け継がれたDNAだと私は思っています。

社長退任後も教育に尽力する安藤国威さん

若い世代を育てるということでは、第七代社長の安藤国威《くにたけ》さんもソニーのDNAを引き継いだ方です。安藤さんはソニーの経営を退いてからも、さまざまな教育活動に携《たずさ》わってきました。そして二〇一八年に開校した長野県立大学の初代理事長に就任しました。この大学の開校は、安藤さんなくしてはなしえなかったと周りの人たちは口を揃えます。

「財を残すは下、業を残すは中、人を残すは上」(人間としてお金を残すのは三流。名前を残すのは二流。人を残してこそ一流だ)

ソニー第７代社長（任期2000～2005年）から長野県立大学初代理事長に就任した安藤国威さん

これは後藤新平が残した有名な言葉ですが、まさに安藤さんはこの言葉を胸に教育に尽力しているのです。人を残す。人を育てる。それこそが企業が伸びていく最大の要因であると。人を育てるということを、ソニーはほんとうに大事にしていたのです。

部下を信頼して「任せて」育てた森尾稔さん

人を育てると一言でいっても、なかなか簡単なことではないでしょう。育て方もいろいろあるでしょうし、部下のタイプもそれぞれです。それはマニュアルに記されるようなことではありません。

では、ソニー流の育て方とはいかなるものだったか。私は「任せる」の一言であったと思います。少なくとも私はそのようにして育てられました。

私がソニー時代、もっとも長く上司として仕えたのが副社長の森尾稔さんです。森尾さんはパスポートサイズ・ハンディカムのビデオレコーダーなど、さまざまなヒット商品を世に送り

ヒット商品を次々と開発した元副社長の森尾稔さん

出した人です。「こんな商品があればいいな」という夢から始まり、それを実現させるまでの過程を、私は森尾さんのそばで見てきました。直属の部下である私に対してもですが、とにかく森尾さんは、部下に任せてしまうのです。こいつならやれると思った人間に対しては、全面的に任せるのです。もちろん失敗したときの責任は森尾さんがすべてかぶります。

部下を信頼しないで任せなかったり、中途半端な任せ方をしていたら、仕事の流れにブレーキがかかってしまう。いちいち上司に伺いを立ててばかりいれば、現場はそのたびに止まってしまいます。せっかく乗ってきたところに、いちいち待ったがかかるようでは、エネルギーが削《そ》がれてしまうのです。

「とにかく君に任せた。思い切ってやりたいようにやってごらん！」

森尾さんにそういわれたら、もう頑張るしかありません。任されたという喜びと、絶対に期待に応えるんだという緊張感。この二つが部下を伸ばしていったのです。

一九四六年に井深さんと盛田さんが起業したとき、社員の数は二十人でした。慢性的な人手不足状態だったといいます。新しい製品の開発から営業まで、みんな一人何役もの仕事をこなさざるをえなかった。そんな状況ですから、誰かに任さなければ仕事が進まなかったのでしょう。それがいつのまにかソニーの社風になったのかもしれません。

もしもそうだとしても、ソニーの「任せ方」は徹底していたと思います。任された人間がいかに「よーし。やるぞ」という気持ちになるか。任されたことに喜びを感じることができるか。大事なことは「任せる」という行為そのものではなく、「どう任せるか」にあるのでしょう。「部下を信頼して任せる」こともまた、ソニーの経営陣が大切にしてきたことなのです。

第2章

ソニー流
マネジメントの真髄

1　商品開発に対するこだわり

「世界初の製品をつくろう」

「自由闊達ニシテ愉快ナル理想工場ノ建設」。これが井深大さんが創業時に掲げたソニーの魂です。この自由闊達なる理想工場でソニーは何を生み出そうとしたのでしょうか。企業経営者であれば、「大ヒット商品をつくろう」という目標を掲げるでしょう。これもまた経営者としては当たり前のことかもしれません。

しかし井深さんは、けっしてそのような言い方をしませんでした。井深さんが口癖のように社員にいっていたのは「世界初の製品をつくろう」ということでした。「世界初の製品」。この言葉にソニーのエンジニアたちは胸を躍らせました。

もしも井深さんが「とにかく売れる製品をつくれ」と指示を出していたら、ソニーのエンジニアたちはどう思ったでしょうか。もちろん売れる商品を開発することで会社は儲かるし、自分たちの給料も上がる。そんなことは誰もがわかっていますから、エンジニアたちは、なんとかして「売れる」商品を開発しようと努力したことでしょう。

しかし私は思います。その努力の中には「わくわく感」がありません。単に売れる商品をつくるという目標では、エンジニアとしてのわくわく感が湧いてこないのです。

ソニーの設立趣意書の経営方針には「いたずらに規模の大を追わず」「経営規模としては、むしろ小なるを望み……」と明記されています。

「世界初の製品をつくろう」。この井深さんの言葉には、大きな夢が詰まっています。「世界初」という言葉に、ソニーのエンジニアたちの心は躍りました。自分たちは単なる新製品の開発をしようとしているのではない。自分たちは「世界初」という夢を生み出そうとしているのだ。このわくわく感こそが、ソニーのＤＮＡとなって受け継がれていったのです。

「会社とは誰のものですか？」という問いに対して、井深さんは以下のように述べています。

「ソニーはエンジニアの集団である。まずエンジニアがいきいきとして頑張ると、いろいろなよい商品が出てくる。よい商品を出せば、世の中の人が喜んでよい値段で買ってくれる。そうすれば利益が増える。利益が増えれば株価が上がる。株価が上がれば株主が喜ぶだろう。したがって、まずはエンジニアありきというのが私の考え方です」

まずはエンジニアありき。まずは社員ありき。まずは夢ありき。それこそがソニーの商品開発の基本的精神として根づいているのです。

すべてのエンジニアは対等である

世界初の製品を生み出すために大切なことは、どんな小さなアイデアも見逃さないことです。なかには突拍子もないアイデアを提案する社員もいます。しかしそのときに「そんな製品ができるはずはないだろう」といってしまえばそれで終わりです。突拍子もないアイデアのなかに、これまでにない発想が隠されているかもしれない。さらに、すばらしいアイデアとは、経験や年齢とは関係がないということなのです。

入社十年目のエンジニアのほうが、新人のエンジニアよりも優れている。もちろん技術的には優れているかもしれませんが、発想やアイデアが優れているとはかぎりません。キャリアを積むことが斬新なアイデアの邪魔になることもあります。反対に知識の少ない新人であるからこそ生まれるアイデアもあります。新しい発想に年齢や立場など関係ない。部長のアイデアが新人のそれよりも優れているわけではない。すべてのエンジニアが自由にアイデアを出し合える環境。そうした環境づくりをソニーでは重視しているのです。

定例的に行われる研究開発会議や商品企画会議はソニーの開発の心臓部ともいえる重要な会議です。エンジニアたちが新商品に関するプレゼンテーションを行う場です。もちろん井深さんや盛田さんをはじめとする経営陣も参加しています。普通の会社であれば、おそらくは上層部だけの会議となるでしょう。企業秘密に関わりますから、いわゆるお偉いさんだけの会議になるものです。

ところがソニーでは、この重要な会議に、若手や新人の社員たちも参加させました。まだプレゼンのレベルまではいかないけれど、先輩社員たちがアイデアを出し合う場面を自分の眼で見ることができます。エンジニアたちと社長とのやり取りを直《じか》に見ることができる。この経験が若手を育てることになるのです。要するに「門前の小僧習わぬ経を読む」ということです。新入社員が社長と同じ会議に出席する。おそらくそんな企業はないと思います。まして大企業であれば考えられないでしょう。

しかしソニーにおいては、すべてのエンジニアは対等です。たとえ入社三年目であっても、井深さんを驚かせるようなアイデアを考え出す社員もいました。そのアイデアを正当に評価して褒《ほ》める。考えてみてください。入社三年目の若者が、世界的な経営者である井深さんに褒められるのですから、大きな自信となるでしょう。

そして褒められた人間の上司もまた、「よかったな」といってくれる。間違っても「上司である俺を差し置いて」などとはいいません。よいものは純粋によいと認め合う。年齢や立場は違えども、同じエンジニアとして、そして同じソニーマンとして互いに称え合う。そんな環境をソニーの経営陣たちはつくりあげてきたのです。

肩書ではなく「さん」で呼び合う文化

年齢や肩書に関係なく自由闊達な議論を展開する。そうしたソニーの風土が生み出したものに「さん付け文化」があります。ソニーでは社内において肩書で呼ぶことはしません。部長とか課長という呼び方ではなく、すべて「○○さん」と呼びます。たとえ社長であっても社内では「井深さん」と社員は呼んでいました。

そればかりか、社員食堂でも肩書は関係ありません。井深さんも盛田さんも、社員食堂ではみんなと同じようにトレーをもって列に並んでいます。おそらく社外の人が見れば驚かれると思います。世界的な経営者である井深さんや盛田さんが、社員食堂で並んでいるのですから。大企業では考えられないことでしょう。しかし当の本人たちは、そんなことはいっさい気にかけていませんでした。同じ仲間なのだから、同じように並ぶのは当たり前だと。まさに「自由闊達」な会社です。

こうした土壌があればこそ、「さん付け文化」は自然に生まれてきたのです。相手をどのように呼ぶか。これは意外とそれぞれの精神に影響を与えるものです。たとえば私はみんなから「みのさん」と呼ばれていました。部下も「みのさん、こんなことを考えたのですが、聞いていただけますか」と気軽に相談にやってきます。私も気軽に「いいよ、聞かせてごらん」と返します。さすがに秘書からは「蓑宮さん」でしたが。

イッセイ・ミヤケデザインの制服を着た筆者と秘書の井島正子さん

もしも、部下が私のことを肩書で読んだらどうでしょうか。「蓑宮事業部長」とか「蓑宮常務」という呼び方をすれば、「常務」と言葉にした瞬間に部下の心はどこか萎縮してしまいます。肩書を言葉にした瞬間に、私が常務であることをはっきりと認識させられる。そうすれば、知らぬうちに私に忖度《そんたく》するような気持ちが湧いてしまいます。忖度するような気持ちが生まれれば、そこには自由闊達な議論は生まれてきません。上司と部下の会話になってしまいます。アイデアを出し合うのに上司も部下もありません。もっといえば、共に仕事を進めるうえで上司も部下も関係ない。そこには部長や課長という役割があるだけで、互いを隔てる一線があってはならないのです。

考えてみてください。会社における肩書とは、いうなればその人間の役割を表すものにすぎません。事業部長という役割、常務という役割。私はその役割を与えられたにすぎないのです。そして私の役割と同じように、部下たちにもそれぞれの役割が与えられています。お互いに自分に与えられた役割を果たし、相手の役割を尊重する。それさえできていれば、本来は肩書など必要ないのです。

一人の人間同士として、一人のエンジニア同士として、そしてソニーマン同士として互いに力を合わせていく。世界初の製品を生み出すために、同じ夢を共有しながら仕事をしていく。それこそが井深さんが目指した「自由闊達にして愉快なる理想工場」なのだと私は理解しています。

開発の指示はまず「Xデー」ありき

ソニーのマネジメントの手法で代表的なのが「Xデー型マネジメント」と呼ばれるものです。これは井深さんの時代から受け継がれているもので、いかにもソニーらしさが感じられる手法です。ではこの「Xデー型マネジメント」とはどういったものなのか。

新しい製品開発にあたって、まずはトップからの明確な指示が下りてきます。たとえば「二〇二三年四月一日に、匂いの出るテレビを売り出す。価格は十万円」といった感じです。「匂いの出るテレビがつくれないだろうか。十万円くらいの価格設定で、二〇二三年ごろまでに開発ができないだろうか」

井深さんは、このような言い回しはいっさいしません。新しい製品の開発を命じるどころか、その発売日まで明確に決めるのです。さらには製品の価格までも事前に決定してしまう。

できるかどうかさえわかりません。まるで夢物語のような話に聞こえるかもしれない。しかし、この目標は絶対のものです。いったん開発を命じられたからには成功させなくてはならない。もうそうなれば社内は大騒ぎです。

いったい、どうすればそんな商品が開発できるのか。誰もが頭を抱えますが、その一方で新たな夢に向かってわくわくした気持ちになります。そして社内はいつしか、やってやろうという空気に満たされるのです。

ともかく新商品に向けてのプロジェクトチームを発足させなくてはなりません。プロジェクトリーダーに指名された者は、自らがチームのメンバーをリクルートします。社内で人材が揃わなければ、社外からも人材を引っ張ってきます。そうして新たなプロジェクトチームのメンバーに加わった者たちは、新しいことに挑戦できる喜びに包まれています。誰一人として「そんな商品ができるはずはない」と考える人間はいません。みんなが必ずできると信じているのです。

どうして「必ず開発に成功できる」とチームのメンバーは信じることができるのでしょうか。それはやはり、トップに対する信頼感があるからです。

いくら天才的な井深さんといえども、まったく不可能な指示を出すことはありません。荒唐《こうとう》無稽《むけい》な開発計画を命じることもない。新しい開発を指示したとき、井深さんの頭の中には「必ず成功できる」という確信があるのです。では、どうしてそんな確信をもつことができたのでしょうか。それは日ごろからの情報収集に見ることができます。

新たな商品を開発するためには、このような部品や技術が必要になる。しかしいまのところ技術が追いついていない。そこで諦めるのではなく、井深さんはいまの技術の先を読み取っているのです。たしかに現在の技術はここまでしか進歩していない。しかし、あと二年も努力すれば、必ず求めている技術が完成するに違いない。いまは存在していない部品にしても、きっと二年もすれば開発されるはずだ。それらを使えば、必ずや夢のような新商品が生まれるだろう。こうして少し先の未来へ目を向けることで、新たな開発が可能になることがわかっていたのです。

井深さんだけでなく、大賀さんもまた常に情報収集を怠《おこた》りませんでした。毎年開催される部品メーカーの展示会には必ず足を運んでいました。各社が開発している新しい部品に目を向けることを欠かしませんでした。どのような部品が開発されているのか。新しい部品を使えば、どのような新商品を生み出すことができるのか。頭をフル回転させながら展示会場を回っていたのでしょう。

大きな展示会ばかりでなく、各部品メーカーが単独で行う「プライベート・ショー」にも足しげく通っていました。それは日本国内にかぎったことではありません。大賀さんは世界中の部品メーカーに目を光らせながら、次なる商品のイメージをつくりあげていたのです。

「二年後にはこういう部品が完成する。それを使えば匂いが出るテレビがつくれるはずだ。そして十万円という価格で提供することができる」

こういう確信がもてたとき、「新商品のXデー」が指示されるのです。それは井深さんや大賀さんが抱いていた「確信をもった予想」ともいえるのです。

本音をぶつけ合う「オフサイト・ミーティング」

社内で行われる商品開発会議は重要な会議であり、社長をはじめとして経営陣も顔を揃えます。いわばソニーの頭脳ともいうべき会議です。

しかし開発会議はこれだけではありません。最終的な社内会議に至る前に、ソニーでは盛んに「オフサイト・ミーティング」が行われていました。それは社内でやる会議ではなく、社外に出掛けて行われるものでした。たとえば箱根や熱海にあるソニーの保養所などに集まり、夜通しアイデアを出し合います。それぞれが遠慮することなく、忌憚《きたん》のない意見を述べ合う場です。

「私はこういうアイデアを思いついたのだけれど、みんなはどう思う？」

誰かが一つのアイデアを提示すれば、あちこちからさまざまな意見が飛んできます。

「それはすばらしいアイデアだと思う」

「実は自分も同じようなことを考えていた」

「いや、それは実現が難しいと思うよ」

「たとえ開発に成功しても、はたして商品として売れるだろうか？」

そこには年齢も肩書も部署の壁もありません。集まった人間全員が目標に向かって議論をするのです。

ソニーには優秀な研究者がたくさんいます。その研究者を支える技術者も大勢います。外から見れば天才と称される人間もいる。しかし、一人の天才だけで新たな製品を生み出すことはできません。開発というものは、たった一人の人間だけで達成されるものではない。多くの知恵を集めることですばらしい製品は生まれるのです。たった一人がもっている情報などたかが知れています。一人の情報は、衆知を集めた情報には絶対に敵《かな》いません。だからこそ、チームの人間が集まって議論をする場が必要なのです。しかもその議論は社内でやる裃《かみしも》を着けたものではなく、本音《ほんね》でぶつかり合うものでなければ意味がない。それが「オフサイト・ミーティング」の狙《ねら》いなのです。

さらにこのミーティングの狙いは、忙しい人間たちを拘束してしまうことにあります。新たにプロジェクトを立ち上げたとき、各分野からスペシャリストが集まります。つまり仕事ができる人間が集まるわけです。仕事というのはできる人間のところに集まってくるもので、優秀な人間ほど多忙を極めることになる。そんな多忙な人間たちを社内で集めようとしても、おそらく一時間の会議を開くのがせいぜいでしょう。それでは十分な議論ができません。しかし保養所に集めてしまえば、会社に戻ることもできない。じっくりと時間をかけた議論ができるわけです。私も多忙を極めていましたが、それでもこの「オフサイト・ミーティング」をとても楽しみにしていました。会社から離れた解放感のなかで本音で話し合える場をつくることはとても大切だと思います。

もともと日本人はチームプレーが得意な民族です。誰か一人が突出するのではなく、みんなで意見を出し合いながら進めていく。いわゆる「衆知を集める」ということが得意であり、精神的にも合っていると私は思っています。

ＩＴ化が進み、一人だけで完結する仕事も増えてきました。また新型コロナウイルスの影響もあり、会社に行くことなく自宅で仕事をする人たちも増えてきました。この傾向はもう止めることはできないでしょう。もちろん仕事の効率化という観点からすれば、よい面もあるかと思います。パソコンさえあればどこでも仕事ができる。通勤地獄からも解放されることでしょう。

しかし、やはりそれでは仕事の幅や創造性は広がらないと私は考えています。自分一人の発想には限界があります。どんなに新しいアイデアを思いついたとしても、それを投げかける相手がいなければ、アイデアは成長しません。誰かが思いついたアイデアは、周りにいる多くの人たちとの討論による化学反応でさらによいものになっていく。仕事とはそういうものだと思います。

会社というのは動物園のようでなくてはいけないと私は思っています。動物園にはさまざまな動物が同じ空間にいます。それぞれが個性をもち、それぞれが長所も短所ももっている。そういう環境があればこそ新しく面白い発想が生まれるのです。もしも動物園の中にキリンしかいなければ、きっとその動物園は魅力がなくなるでしょう。

会社もまたそれと同じで、ダイバーシティーが重要なのです。

「頭だけで考えず、まずは形にしろ」

次なる新商品はいかなるものか。どのようなスペックを使うのか。いままでの製品とどこが違うのか。開発のアイデアをみんなの前でプレゼンします。これはどこの企業でも見られる風景ですが、ソニーは少し趣《おもむき》が異なっていました。単にプレゼンテーションのうまい人間は評価されなかったのです。

パワーポイントなどを使いながら、とても流暢《りゅうちょう》にプレゼンテーションをする人間がいます。

説明を聞いているだけで納得させられてしまう。あたかもすばらしい新商品だと思ってしまう。しかし、そんなものは錯覚にすぎないとソニーでは考えられていました。

頭の中だけでは、誰でもすばらしいプレゼンをすることができるでしょう。話だけ聞いていると、すばらしい新商品が完成されているかのような錯覚を覚える。しかしそれは単なる錯覚にすぎません。机の上でできあがったものなど何の価値もない。実際に完成したときの具体的な「形」を示さなければ意味はない。あれこれ頭だけで考えるな。まずは形にしろ。それがソニーの開発に対する考え方でした。

ソニーの社内には「NATO軍」という言葉がありました。もちろん「NATO」とは北大西洋条約機構のことではありません。ソニーでいう「NATO」とは「No Action Talk Only」を指します。つまりは「口先ばかりで行動に移さない者」ということです。

開発のアイデアにしてもそうです。いくら紙の上で設計図ばかり描いていても、完成形のイメージは湧いてきません。具体的なイメージがはっきりしなければ、開発への意欲は高まらない。また周囲の協力も得ることができません。いかに具体的にアイデアのイメージをつくりあげるか。それがソニーの開発における肝となっていたのです。

「プロジェクト88」というものがありました。当時の私の上司だった森尾さんを中心に動き出したプロジェクトです。「一九八八年までに、手のひらサイズのビデオカメラを開発しろ」。こ

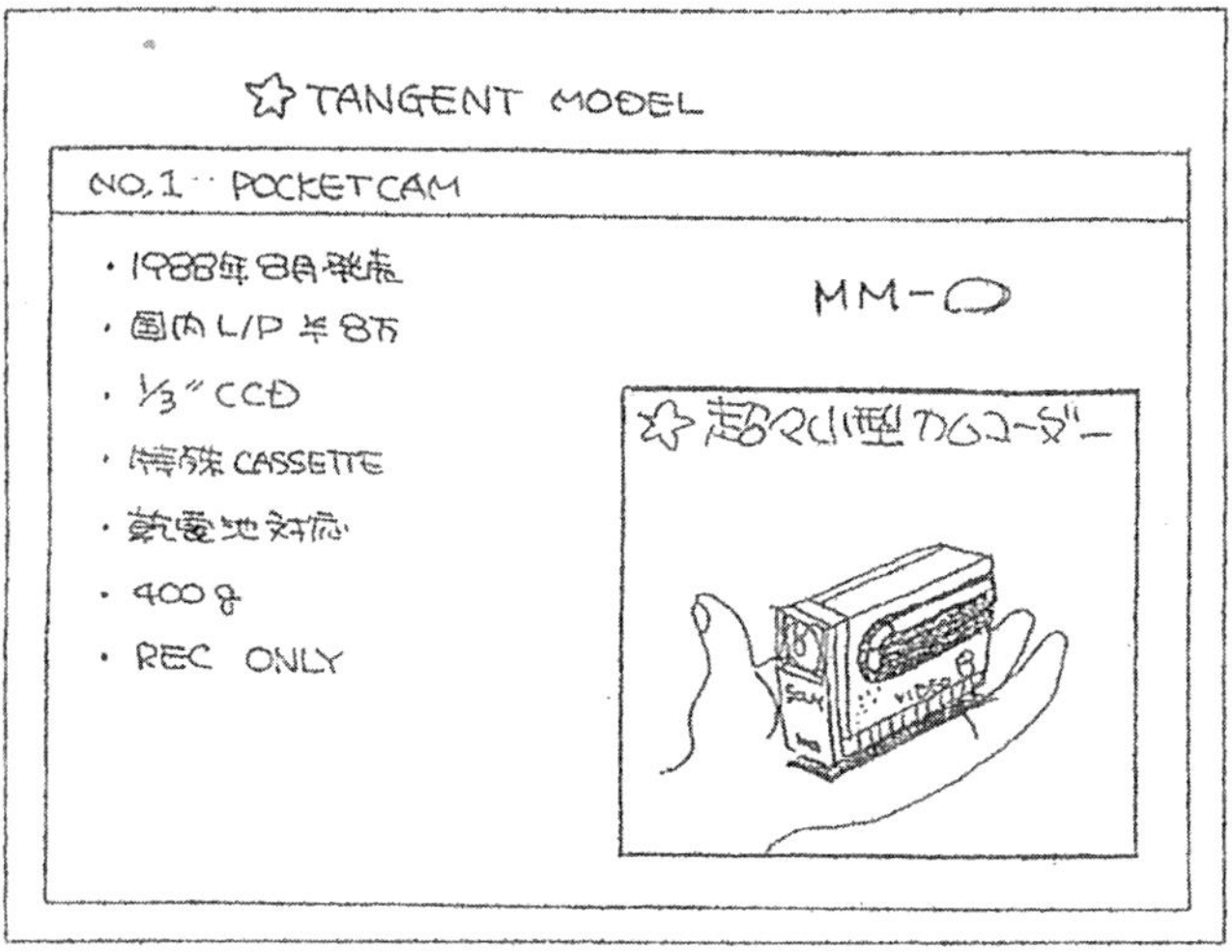

「プロジェクト88」のメンバーに手渡された、たった１枚のデザインスケッチ

れがトップから与えられたXデーでした。プロジェクトメンバーに配られた一枚のペーパー。そこにはまさに手のひらに載ったビデオのポンチ絵が描かれていました。さらに、発売日と価格、ビデオの重量までもが書かれていた。まさにそれが完成品の明確なイメージでした。このペーパーを常に眺めながら、私たちプロジェクトメンバーは開発に取り組んでいったのです。

　余談になりますが、一九八五年八月十二日のことでした。私たち「プロジェクト88」のメンバーはオフサイト・ミーティングを行っていました。場所は品川にあるマンションの一室です。会社で借りていたマンションの部屋で、メンバーは侃々諤々《かんかんがくがく》の議論を展開していました。

　その真っ最中に、あのニュースが飛び込んできたのです。御巣鷹《おすたか》山の日航機墜落事故です。

その衝撃はいまでも忘れることはできません。そうです、世界的な歌手となった坂本九さんが亡くなったのです。『上を向いて歩こう』『明日があるさ』『見上げてごらん夜の星を』。これは開発とは何の関係もない出来事ですが、私のソニー人生の中でも深く記憶に刻まれた一日でした。

コストダウンとの闘い

新しい商品を世の中に送り出すとき、もっとも重要な要素とされるのが、商品につける値段です。これを「値決め」と呼ぶのですが、この「値決め」こそがトップマネジメントの真髄であるといっても過言ではありません。

いったいこの商品は、いくらくらいであれば消費者は買ってくれるのだろうか。高すぎても売れませんし、安すぎれば薄利多売となりビジネスとして成立しません。果たして適正な価格とはどれくらいなのか。私も常にこの値決めに頭を悩ませていたものです。

一般的に新しい商品を開発した時点で、その商品は非常に高価なものになります。開発にかかったコストは人件費や部品代、試作品代などを含めると膨大な金額だからです。

たとえば一九七九年七月一日に発売された『ウォークマン』は、たしか三万三千円だったと思います。それは購買層を考慮してつけられた値段です。『ウォークマン』を買ってくれるのは若い人たちが中心になる。大学生や二十代の若者が中心購買層となります。それを考えれば、十万円という値段では到底売れないだろう。ちなみに当時の大卒初任給が十万円ほどでした。ですから五万円でもなかなか手が届かないでしょう。そこで最低ラインとして三万三千円という値段設定がなされたわけです。

しかし、実際に『ウォークマン』を開発した時点では、とても三万三千円で売ることができる商品ではありませんでした。三万三千円という値段では、売れば売るほど赤字になる。おそらくこの時点での適正価格は七万円を超えていたと思います。では利益が出ないにもかかわらず、どうして『ウォークマン』を三万三千円で売ることができたのか。それは、一年後、二年後にはコストダウンが図れるという確信をもっていたからです。

画期的な商品ほど新たな部品やデバイスがたくさん使用されるため、発売時点ではどうしても高価な値付けになってしまいます。これはどんな商品にもいえることです。しかし量産体制が進み、かつ部品などの見直しによって、コストダウンは必ずできる。そのコストダウンを見込むことによって、最初から利益が出なくても大丈夫であるという判断がなされるわけです。

たとえば、私が責任者を務めていた半導体の世界には「ムーアの法則」なるものがあります。これはインテルの創業者の一人であるゴードン・ムーア氏が論文に発表したもので、「半導体の集積率は十八カ月で二倍になる」という半導体の世界における経験則です。この法則をもとにして、数年後の半導体の値段を予測します。半導体の値段が安くなれば、それだけ商品もコストダウンできる。あるいは時間が経過するにつれて製作のコストも下がっていくことを表す「経験曲線効果」というものもあります。これらのデータをすべて分析しながら、値決めをしていくわけです。いまの時点での値段を決めるのではなく、未来での値段を決めていく。そこに難しさと面白さがあるのです。

さて、私もソニーではコストダウンに関する勉強を随分としました。それは責任者としてやらなければならないことでした。

「コストエンジニアリング研究会」というものがあります。会長を務めるのは日本経営システム協会会長の田中雅康さんです（当時は東京理科大学の教授）。三十代後半だった私は、この田中先生から多くのことを学びました。まさにコストダウンのプロから指南されたわけです。

その後、二〇〇四年十二月三日に開催された研究会において、私は講演を頼まれました。そこで私は「ソニーの資材調達改革」というテーマで講演を行いました。

当時の私はソニー全体の資材の責任者を務めていました。資材調達は直接的にコストに関わる重要な責務です。いかに安く、しかも精度の高い部品を調達するか。それによって社内すべての製品の品質と利益率に影響が出ます。いわば設計を巻き込んだ資材調達こそがコストダウンの本丸なのです。

私が当時取り組んでいたのが「集中購買」というものでした。たとえば、製品づくりに欠かすことができないネジですが、一つの製品に何十本、何百本というネジが使われています。そしてご存じのように、ネジにもさまざまな種類があります。長さや太さも違えば、材質や頭の形状も違います。極端な話をすれば、一つの商品に五十本のネジが使われるとき、十種類以上のネジが必要になる場合もあります。それはなんとも無駄なことだと私は考えました。

そこで実践したのが「集中購買方式」でした。できるかぎり同じ形状のネジを使用できるように設計の段階から仕組みをつくる。同種類のネジを大量に仕入れるという条件で、単価を安く抑える。たかがネジ一本と思うでしょうが、これが数百万本、数千万本になると、コストはまったく違ってきます。また、ソニー全体では海外出張者が毎月たいへんな人数になるので、飛行機代を大幅に削減するためや文房具などの調達にも種類を絞り、調達先を絞ってコストダウンをはかるこの方式を導入しました。この取り組みについて私はソニーの取締役会で説明したのですが、このときに声をかけてきた人物がいました。カルロス・ゴーン氏です。当時ゴーン氏は、日産自動車の経営を担っていましたが、ソニーの社外取締役も兼務していたのです。私の説明を聞いたゴーン氏は、取締役会が終わると私に向かってこういいました。

「You are great.」（すばらしいじゃないか）。ゴーン氏もまた日産自動車のコストダウンを実現させようとしていました。その意味で私と同じような悩みを抱えていたのかもしれません。世間では彼のことを「コストカッター」と呼びますが、一面ではこのコストカットやコストダウンこそが、企業の生命線であることを忘れてはならないのです。

2 品質に対するこだわり

ソニーに受け継がれる品質哲学

戦争直後の物資が不足していた時代、多くのものづくり企業が重要視していたのはコストダウンでした。簡単にいえば、いかに安く商品をつくるかということです。コストさえ安く抑えられれば、多少品質が落ちてもかまわない。要するに企業にとっての正義とは「コストダウン」にあったわけです。もちろんコストダウンが重要な要素であることは間違いありませんが、それは商品の品質が高いことが前提になるものです。高品質な商品をいかに安価でつくれるか。それが前提であるにもかかわらず、コストばかりに目が向いていた時代がありました。それは「安かろう悪かろう」という言葉に象徴されるでしょう。

ソニーがアメリカ進出を果たそうとしていた時代。盛田さんはすでにこれからの時代を見据えていました。ただ価格を低く抑えれば売れるという時代はすぐに去っていく。これからの時代に問われるのは商品の品質そのものだ。多少値段が高くても、品質のよい商品は必ず売れる。消費者が望んでいるのはそれだと。

盛田さんがソニーのアメリカ法人の社長になっても、盛田さんの口からは売上についての言葉は出てきませんでした。「もっと売上を上げられる商品開発をしろ」とか「こんな商品では売れない」などという言葉はいっさいなかったといいます。盛田さんの口から常に聞こえてきたのは、消費者たちからの要望やクレームでした。品質に直結した問題こそが重要であるといい続けてきたのです。

「儲かる、儲からないは会社の中の問題だ。アメリカのお客さんから見ると、故障しないか、何かあったときのクレーム処理が素早く行き届いているか、そういうことこそがソニーのブランドにとって大事なことなのである」

盛田さんは常に社員に向かってそういっていました。盛田さんの社長室のすぐそばには、クレームに対するセクションが置かれていました。井深さんと盛田さんという二人の創業者が、もっとも重要視していたのが品質だったのです。品質を大事にするのは当然のことだと思われるでしょうが、この品質を二番目、三番目に位置付けている会社もまだまだあるでしょう。また、創業当時は品質を大事にしていた会社であっても、社歴を重ねるうちに蔑《ないがし》ろになっていく場合もあります。それはとても危険なことであると私は思っています。

企業の創業者たちに共通しているのは、気が小さいということだと私は考えています。ほんとうに些細《ささい》なことにまで気を配り、ちょっとした商品の不具合も心配でならない。これは企業経営者ばかりでなく、大物といわれる政治家にもいえることです。大物の政治家ほど気が小さくて心配性です。心配性だから細かな部分まで見えるわけです。周りの人間の心情もくみ取ることができる。「それくらい大丈夫だ！」と大風呂敷を広げるのは、一見すると格好がいいようにも思えますが、それは「小物」のすることです。

オーナー経営者たちは、常に完璧を目指しています。どんな仕事に対しても一〇〇％の力で向かっていく。要するに仕事に対して常に本気で取り組んでいるのです。これこそが創業のパワーとなるのです。

ところが、雇われ経営者の場合、彼らは得てして「率」で考えるようになります。たとえば、一万台の製品に対して五台の製品に不具合が生じたとします。これは率にすれば〇・〇五％です。この〇・〇五％をどう捉えるか。雇われ経営者たちは「まあ、これくらいのパーセンテージであれば仕方がないだろう」と考えるでしょう。経営戦略としては間違っていないかもしれません。しかし、創業者は絶対にそういう考えはしません。たとえ一万台に一台の不具合に対してでも神経をとがらせます。そしてなんとかして不具合の原因を突き止めようとするでしょう。その哲学こそが、創業者が有しているものであり、またいかにしてその哲学を受け継いでいくかが重要だと私は考えています。

ソニーという会社は、井深さんや盛田さんの品質哲学をしっかりと受け継いでいます。少なくとも私が常務をしていた時代には、この品質に対する厳しさはみんなが共有していました。「そんな細かいことまで」と思うことも正直ありました。しかし、その「細かいこと」を見過ごすことが、後に大きな失策を生むことになる。「問題」は小さな芽のうちに摘んでおくことこそが、会社の品質向上のためには重要なことなのです。

いまからおよそ六十年前の一九六二年、日本に「QCサークル（小集団改善活動）」が誕生しました。その目的は戦後日本の産業復興を支えるべく、現場で働く人たちに品質向上という概念をしっかりと植え付けること。それこそが産業復興には重要であると。この運動が日本のものづくりの原点となりました。

一九七一年六月六日から約二週間、「QCサークル」が主催する洋上大学が行われました。各企業から選出された総勢二百七十六名が「さくら丸」に乗船して台湾と香港に研修に行きました。その一員として私はソニーから派遣されることになりました。そのとき私はまだ二十七歳です。どうして私が指名されたのかはわかりませんが、それ以来私は、ソニーにおける品質管理のプロとしての役割を担うことになったのです。常務になったときには、ソニー全社の品質管理の責任者として、社長と同等の権限が与えられました。その重責を担うことはたいへんなプレッシャーでした。それは単なる品質管理ということでなく、井深さんと盛田さんの品質哲学を守り抜くことでもありました。半導体や資材の責任者なども担ってきましたが、やはりこの品質管理の仕事は相当な重圧であったと、いまさらながらに思い出します。

小林茂さんから学んだ品質管理術

私がソニーに入社して、初めに配属されたのが厚木工場でした。ここはトランジスタの主要開発・生産拠点でした。工場長を務めていたのが小林茂さん。私が若いころにもっとも影響を受けた上司といっていいでしょう。

工場はものづくりの第一線にあります。その中で品質管理は最重要の仕事となります。いかに製品の品質を高めていくか。いかにして問題が出てこないような生産体制をつくっていくか。まさに小林工場長の仕事はそれに尽きるものでした。

さて、トランジスタという部品は非常に小さなものです。それを組み立てる作業は、顕微鏡を操作しながら行います。当然のことながら、顕微鏡の中を見ることができるのは組み立てている人間だけです。その中でどのような仕事がなされているかを外からチェックすることはできません。たとえ適当な作業をしている人間がいたとしても、外からはわからないのです。いってみれば、適当にやろうと思えばできるということ。そういう環境のなかで、小林工場長はどのようにして品質管理をしてきたのか。一言でいえばマクレガーのY理論・性善説に基づいたマネジメント手法でした。

逆に、同じくマクレガーの提唱するX理論・性悪説に基づく考え方をすると、「人間は管理されていなければ怠けてしまう。したがって徹底的な管理をすることこそがマネジメントになる」ということになります。裏を返せば、常に作業員を疑っているようなものです。見張っていないとサボる。そうなれば品質は悪くなっていくと。

小林さんのマネジメントとは、そういう性悪説ではなく、とにかく働く人たちを信頼するというものでした。

「人は管理するものじゃない。見張っていなければ仕事をしないというものではない。適切な情報を与えてさえいれば、自主的に動いて能力を発揮してくれるものだ」

1966年に日本経営出版会から発刊された小林茂さんの名著

これが小林さんの信念ともいうべきものでした。

厚木工場では一カ月に一度、千人いる従業員をすべて集めてミーティングが行われました。普通ならば代表者が数十人集まってやるのでしょうが、小林さんはすべての従業員を集めたのです。そして、その場で徹底的な情報開示を行いました。

「この部門ではこういう問題点が出てきた」

「この部署ではいまこのような問題を抱えている」

「みんながそれぞれの立場でこの問題点の解決策を考えてくれないか」

厚木工場で起こっている問題をすべてオープンにして、それをみんなで共有していく。他人《ひと》事《ごと》ではなく、自分のこととして捉える。そういう姿勢を身につけることで、品質は確実に向上していくと小林さんは信じていたのです。

そして小林さんは従業員に向かって常にこういっていました。

「ここで生産されているトランジスタは、まさにソニーの心臓部です。ここは世界でも最先端の部品を生み出している場所なのです」

この言葉を聞いた従業員たちは、自分たちの仕事を誇りに感じたことでしょう。自分の仕事にプライドをもつことで、さらなる工夫と努力をしようとしたでしょう。そうなれば品質が向上するのは自明の理です。品質は技術があれば向上するものではない。その技術を支える人間一人ひとりの「思い」こそが向上させるものだ。この小林さんの教えは、私のその後の仕事人生を支えてくれるものとなりました。

当時、初期のトランジスタは品質にバラツキがあり、信頼性のよいトランジスタを安定的に生産する工程づくりに苦労していたのですが、トランジスタの製造・出荷責任部門と品質を保証する部門とのせめぎ合いが熾烈《しれつ》でした。そのなかで品質保証責任者の木内部長の凜《りん》とした態度が深く印象に残りました。木内部長曰《いわ》く、「どんなに出荷が遅れても、この品質ではソニーの責任者としては出荷許可は出せない。もしそれでも出荷したいなら、この木内を更迭《こうてつ》してからにしてくれ！」。この言葉が、私の品質に対する信念を醸成する大切なキーワードとなりました。

大賀さんのクレーム判断

商品に対するクレームは、メーカーがもっとも神経を使う事柄です。まして自社の製品が何らかの事故につながったとすれば、社会的にも大きな影響を与えます。もちろん商品そのものに問題がある場合は早急に回収などの措置を講じなければなりませんが、商品自体に問題がない場合もあるものです。それは得てしてお客様の使い方に原因があったりします。もちろんそれを責めることはしません。こちらにも非があるかもしれないけれど、使うほうにも多少の問題がある。こうした厄介《やっかい》なクレームにどのように対処すればいいのか。

大賀さんが社長を務めていたころ、ある事故が起こりました。それは私が電池を含む事業部を統括していたときのことです。当時はビデオカメラの売れ行きが好調でした。ビデオカメラが売れるということは、すなわち充電用の電池もまた売れるということです。充電用の電池はスペアとして多めに買う人もいますので、責任者としてこんなに嬉しいことはありません。

ところがあるとき、事故が起きたのです。ビデオカメラを愛用していた一人の女性がいました。彼女は電池が無くなったらすぐに交換できるように、いつもハンドバッグの中に予備の電池を入れていました。ハンドバッグの中には、ネックレスなどの金属も入っている。化粧品にも金属が使われているものもあるでしょう。

そのハンドバッグの中で、予備の電池が他の金属に触れてしまったようで、電池がショートし、煙が出てきたそうです。女性は慌《あわ》てて電池を取り出したので、幸いにして大事には至りませんでした。この事故が私のもとに報告されてきたのです。その女性がクレームをつけてきたわけではありませんが、こうした事故は二度とあってはなりません。私はすぐに部下に命じて、絶対にショートしないように電池の改善策を練ったのです。電極の位置を変えてみたり、あるいは電池本体をカバーで覆《おお》ってみたりと、さまざまな改善策を部下たちは考えてくれました。そしてそれらの改善策をもって、大賀さんに報告に行きました。

提示された改善案を見ながら、大賀さんは私に聞きました。

「たとえばこの改善をするには、いくらかかるんだ」

「この方法だと単価が二百円ほどあがることになります」

「ところで、その電池は年間でどれくらい売れているんだ」

「数十万個の単位になると思います」

「そうか、その数十万個のうち、今回のような事故が起きたのは何件だ？」

「いまのところ二件です」

「わかった。では、今回は経費をかけて改善することは見送ろう。電池の表面にわかりやすく注意書きを付け加えることにしよう。そうすれば大した金額はかからないだろう」

大賀さんはけっして女性が起こした事故を軽視したわけではありません。こんな事故は二度と起こしてはいけない。その気持ちに変わりはない。しかし、この時点ですべての電池を回収し、新たな電池を売り出すにはリスクが大きすぎます。まして、電池そのものに不具合があったわけではありません。大賀さんはまさにスピード感をもって、バランスのとれた判断を下したのです。この大賀さんの判断が、それ以降のソニーのクレームや事故に対する基準となりました。

ここで大賀さんが重視したのは、やはりスピード感だったと私は思っています。多種多様な商品を販売しているのですから、何らかの不具合が生じたり、お客様の使い方のミスによって、いろいろな問題が起きてきます。そのときにもっとも大切なことは、スピード感をもって対処すること。誠意を込めて対処するとはよくいわれますが、では誠意とは何なのか。私はこのスピード感こそが最大の誠意であると考えています。

大賀さんは私をとてもかわいがってくださいましたが、それにはきっかけとなる出来事があったのです。

ある日、大賀さんは、東京の本社から千葉にある工場にヘリコプターを使って移動しました。そのときヘリコプターが事故を起こしたのです。幸いにも重大な事故ではありませんでしたが、それでも大賀さんは身体にダメージを受けました。そのダメージを回復するために、リハビリに通うことになったのです。そのとき大賀さんのリハビリの担当をした医師が、ソニーのビデオカメラを愛用してくれていたのです。その医師が大賀さんにこんな話をされたそうです。

「ソニーのビデオカメラはとても使いやすいのですが、どうもバッテリーに問題があるみたいです。常に充電を心がけているのですが、すぐにバッテリーの容量が減ってしまうんです。もしかしたら、私の使っているバッテリーに問題があるのでしょうか」

これを聞いた大賀さんは、すぐに私のところに電話をかけてきました。午前中のことだったと思います。すぐに私はその医師に連絡をとって、バッテリーの点検をしたいと申し出ました。そして東京から車を飛ばして千葉のご自宅を訪れました。大賀さんに話をしたその日に責任者が飛んできたのですから、医師はたいへん恐縮されていました。

さっそくバッテリーのチェックをすると、何の問題もありませんでした。そのうえで医師に使い方を聞いてみると、バッテリーが無くならないために、いつも充電しているといいます。少しでも使用したら充電をする。このように、こまごまと充電をする人が多いかもしれません。実はニッカドやNI水素のバッテリーの特質を考えたとき、こまごまと充電すると、メモリー効果により十分充電できないのです。放電しきった後に充電をしたほうが長持ちするのです。多少時間はかかっても、まずは充電一〇〇%にする。それがバッテリーの正しい使い方なのです。

そのことを説明すると、医師はとても納得してくれました。問題が指摘されたその日のうちに解決できたのです。この私のスピーディーな対応を見てから、大賀さんは私に目をかけてくれるようになったのです。

狭義の品質と広義の品質

品質といっても、おおまかに二種類の品質があります。それは狭義の品質と広義の品質というものです。狭義の品質とは、製品そのものの品質を表します。その商品がどのような機能をもっているか。扱いやすいか、故障しないか。それらの品質は追求されて当然のものです。

しかし、品質とはそれだけではありません。もちろん商品そのものの機能が優れていることは当たり前ですが、ただそれだけでは魅力につながりません。商品自体の機能ばかりでなく、デザイン性も重要な購買要素になってきます。デザインにお金をかけるよりも、その分値段を安くしたほうがいい。そう考えるメーカーもたくさんあります。かつてはその考え方のほうが主流でした。しかしソニーは、昔からデザインにこだわりをもっていました。これは井深さんの精神を受け継いだ、大賀さんの哲学でした。東京藝術大学出身の大賀さんは、デザインに人一倍こだわりをもっていたのです。

大賀さんは、スイッチのデザイン一つにもこだわりをもっていました。ちょうど私がビデオ製品の担当だったとき、新しいビデオのスイッチでもめたことがありました。要するにどちらに倒せばＯＮになり、どちらに倒せばＯＦＦになるかという細かなことです。はっきりいえば、私としてはどちらでもいいと考えていました。そんな細かなことで商品の価値は決まらないだろうと。

ところが大賀さんは最後までスイッチのデザインにこだわったのです。すでに開発は最終段階に入っていました。いまさらスイッチのデザインを変えることは、完成日程にも影響を与えかねない。マーケティング担当の社員も大賀さんにいいました。

「アンケート調査によれば、スイッチはこれでよいという結果が出ています」

するると大賀さんはきっぱりとこういいました。

「アンケート調査などは、単なるアリバイづくりの小道具にすぎない。そんなものはやればやるほど有害だ」

これこそが、大賀さんの哲学による広義の品質です。もちろんそうして考え尽くされたスイッチのデザインによって、その商品の売れ行きがよくなるかどうかはわかりません。しかし、最後まで考え尽くすという姿勢こそが大事なのです。

単に機能的に優れている商品をつくるだけではない。どのような形状にするか、どんな色彩にするか。そして消費者から格好がいいと思われるデザインはどのようなものか。それらを徹底的に考えること。これがソニーの品質の評価へとつながっていったのです。

世界中の若者たちがソニーの製品に憧れています。同じような機能をもつ他社の製品はたくさんあります。ソニーよりも安い値段で手に入ります。それでも若者たちはソニーの製品に心を奪われる。他社の製品よりも値段が高くても、ソニーの製品をもつことに憧れる。これこそが、ソニーが大事にしてきた広義の品質なのです。

さらには、商品とは何の関係もないようなことにまで井深さんや盛田さんは神経を使っていました。たとえばソニーの商品を積み込んだトラックが走っています。もしもそのトラックの運転手の運転が荒っぽかったら事故につながるかもしれない。それもまたソニーの品質を傷つけることになると考えました。

トラックには「SONY」の大きなロゴマークが入っています。もしもそのロゴマークが汚れていたら、ホコリをかぶって読みにくくなっていたら、それもまたソニーブランドの品質を貶《おとし》めることになる。どうでもいいことだと思うかもしれませんが、そこまで品質へのこだわりをもつという姿勢を井深さんをはじめとする経営陣は共有していたのです。

「アリの一穴が会社とブランドをダメにする」

狭義の品質を守るのは当たり前のこと。それに加えて広義の品質を高めることもまた重要なことであると。この哲学がソニーの品質を守ってきたのです。

3　開発・製造・販売の共有体制

世界で初めてトランジスタラジオの量産に成功

「世界の人々がアッと驚くような世界初の商品をつくりたい」

「SONYのブランドが世界中に轟《とどろ》くような商品をつくりたい」

それがまさしく井深さんや盛田さんたち創業者が描いていた夢でした。この旗印のもとに、全社員が一丸となって仕事と向き合っていく。そんな「夢の共有」をソニーという会社は大事にしていました。

「世界初の商品への夢」。これはすばらしい夢ではありますが、直接的にこの夢と向き合うことができるのは開発に携わる人たちです。自らの手で設計図を描いたり、チームで協力し合ってアイデアを実現させたりと、開発に携わる人たちのモチベーションには高いものがありました。それは当然のことです。

しかし、会社というのは開発だけで成り立っているわけではありません。一部の人間だけのモチベーションが高くても、会社は成長するものではない。すべての社員のモチベーションを高めてこそ、そこに大きな成功が生まれるのです。開発する人たち、それを量産する製造現場の人たち、そしてその商品を世の中に向かって販売する人たち、そうした協力体制がしっかりしていればこそ成功が生まれるのです。

井深さんはこのようなメッセージを全社員に向けて送りました。

「世界初の商品を開発する。それはたいへんなことです。開発者のみなさんは日々その夢に向かって努力を重ねています。しかし、新しい商品を生み出す力とは、私は一であると考えています。そこから開発された商品を量産するには十の力が必要になってきます。製造現場が動かなければ製品は完成しません。そうして量産された商品は、今度は世の中に向けて展開しなくてはいけない。この販売にかかる力は百必要なのです」

この言葉を聞いた製造現場の人たちは、いかに自分たちの仕事が高く評価されているかを知ることでしょう。そして靴底をすり減らして営業活動に勤《いそ》しむ社員たちは、この井深さんのメッセージに胸が熱くなったと思います。会社で働くすべての社員の力が発揮されてこそ、世界初の商品は世の中に流通することになる。そのことを忘れてはいけないというメッセージだったのです。

一九五五年八月、ソニーは日本初のトランジスタラジオ『TR－55』を発売しました。実は一九五四年十月に米リージェンシー社が発売したトランジスタラジオが正式には世界初といわれています。それは米テキサス・インスツルメンツ社製の四石トランジスタを使っていました。世界初を目指していた井深さんたちは落胆しましたが、『TR－55』は自社製造による複合型トランジスタ五石を使った画期的な商品で、複数のAMラジオのチャンネルを受信できるほか、電池式のためどこにでも簡単に持ち運べるようにデザインされていました。そのため、この『TR－55』は、発売開始とともに日本国内だけでなく世界中の電気機器市場で評判を呼んだのです。

その心臓部のトランジスタを製造していたのが厚木工場でした。製造現場の人たちは頑張っていたのですが、歩留まりがなかなか改善されませんでした。つまりは不良品がたくさん出ていたということです。

なにせトランジスタ五石を使った世界初の商品ですから、現場の人たちも戸惑うことが多かったのでしょう。他に見本となるものなどないわけですから、自分たちの力でつくっていくしかありません。それでもなかなかうまくいきませんでした。事実、当時の世界では、トランジスタラジオの量産化など無理だろうと考えられていたのです。

しかし、井深さんはこの夢を諦めることはしませんでした。そしてある日、自らが厚木工場に出向いて、厚木工場で働くすべての従業員を集めました。そこには製造には関わらない、清掃担当の女性たちもいました。そこで井深さんは訴えました。

「みなさん、世界中の電機メーカーがトランジスタラジオの量産化などは無理だと考えています。しかし、ソニーはこの道をなんとかして切り開かなくてはなりません。このトランジスタラジオをなんとかして成功させたい。それは夢でもあります。どうかみなさんも、私と同じ夢をもって、この仕事を成功させてもらいたいのです。みなさんがソニーという会社を愛してくださっているのなら、なんとか頑張ってほしい」

この井深さんのメッセージは、ただ単に社長からの訓示などではありません。上から目線で発した言葉ではありません。共に夢に向かって走ろうという心のこもったメッセージでした。この井深さんの言葉を聞いて、多くの従業員が涙を流したといいます。そしてこの瞬間から、「夢」がみんなのものとなったのです。

井深さんをはじめとした経営陣は、常に夢の共有を心がけていました。自分のデスクにふんぞり返っている経営陣などいなかったと思います。自分の足で現場を歩き、社員との共有を大切にしてきました。このように社員たちと共有するには、多くの時間と労力が必要になってきます。それは相当な負担になることは間違いありません。

先の厚木工場のエピソードにしても、社長が直接足を運ばなくても、工場長を本社に呼びつけることもできたでしょう。あるいは部下を行かせてメッセージを伝えることもできたはずです。しかし、井深さんは自らの時間と労力を使って厚木工場に行きました。そうした努力があればこそ、ソニーは一丸となって夢に向かって突き進むことができたのです。

一九六二年、盛田さんはニューヨークの五番街にソニーのショールームを開設しました。このショールームを実際に見ることができた社員はわずかでしょう。製造現場の人たちや販売の人たちなども、なかなか行くことはできなかったと思います。開発の人間でも行くことは叶わなかった。それでも、日本にいるソニーの社員たちは、ニューヨーク五番街に燦然《さんぜん》と輝くＳＯＮＹのロゴマークを写真で見ながら、同じ夢を描くことができたのです。

そして一九六六年には、東京のど真ん中である銀座に「ソニービル」が完成しました。完成記念にトランジスタラジオが全社員に贈られました（43ページ写真）。銀座ならたくさんの社員が地方から足を運ぶことができます。これもまた夢の共有としてのシンボルとなりました。

共有の精神は会社だけに留まらない

「これからの時代は、心の満足感が求められる。私たちは人間の心を豊かにするような製品こそを生み出さなくてはいけない」

たった二十名でスタートしたベンチャー企業のソニー。その原点はこの言葉の中にこそありました。心を豊かにする製品。ソニーが目指した「夢」はそれでした。そしてその夢を実現させるために、社内ばかりでなく、周りの人々もどんどん巻き込んでいきました。井深さんと盛田さんは、新商品の開発を目指す段階になると、まずは町工場に足しげく通いました。自分たちがもっている技術だけでは夢を叶えることができない。しっかりとした技術をもっている町工場の職人さんたちの力を借りなくては、開発が進まない。二人は町工場のオヤジさんたちに夢を語りました。

「こんな新しい商品をつくりたいと思っています。どうか知恵と技術を貸してもらえませんか」

「世界で初めてのこんな商品をつくりたいと考えています、一緒になってその夢を叶えませんか」

町工場のオヤジさんといえば、職人気質《かたぎ》で頑固な人が多いものです。自身の技術に絶対的な自信をもっている。また、たとえ小さな工場であっても、一国一城の主《あるじ》であるというプライドももっています。ただ単にお金さえ儲かればいいということではない。そこに仕事にかける熱い思いがなくては動いてはくれないものです。

小さな町工場だからと、上から目線で仕事を発注する会社もあるでしょう。「これだけお金を払うから、これだけの部品をつくってくれ。期日はいついつまでだ」などと傲慢《ごうまん》な態度で臨む会社もあります。しかし、それでは思いは絶対に伝わりません。たとえお金のために仕事を受けたとしても、そんな仕事にオヤジさんたちが心を尽くすはずはない。心が尽くせないような仕事が集まっても、世界初の商品を生み出すことはできないのです。

井深さんや盛田さんは、けっして「発注者」という立場で町工場を訪れませんでした。「発注者」だとか「受注者」だとか、あるいは「親会社」だとか「下請け」といった発想は、まったくもっていませんでした。井深さんと盛田さんがもっていたのは、あくまでも「夢の共有」です。お互いの立場が違っていても、同じ夢を追い求めることに意味がある。力を合わせて夢を達成することこそが喜びを生むのだと。

世界初の商品を生み出すために必要なものとは何か。世界のナンバーワンになるために必要なものは何か。それはいうまでもなく「夢の共有」であると。これこそがソニーという会社の哲学なのです。

井深さんはいつも社内を歩きながら、みんなに声をかけていました。「どうですか？　楽しく仕事をやっていますか?」と。ニコニコしながら、工場で働く若者にも声をかけていました。

盛田さんもまた誰彼となく「ネアカになろう」というメッセージを送っていました。辛そうな顔をして仕事をしている社員を見ると、「どうしました? もっと楽しそうに仕事をやりましょう。あまり暗くならないで、ネアカでいきましょうね」と仰っていました。

「みなさんは会社のために働くのではありません。世の中のために仕事をしているのです。さらにいえば、みなさん自身のために仕事をしている。もしもどうしても仕事が辛いのなら、ソニーという会社が楽しくないと思うのなら、いつでも会社を辞めなさい。それは悪いことでも何でもありません」

盛田さんは新入社員に向かってこのようにいいました。「辞めてもいいんですよ」。入社式でこんなことをいう経営者はなかなかいないでしょう。どうして盛田さんはそんな言葉を新入社員に投げかけたのか。それは、一人ひとりの社員が輝いてほしいという願いからでした。若者が輝く場がソニーでないとすれば、他に移ったほうがいい。その人の人生をよきものにしてあげたい。そして一度ソニーを飛び出して、やっぱりソニーに戻りたいと思うのなら、帰ってくればいい。実際にそういう社員はたくさんいます。まったく珍しい社風だと思います。

ソニーの社員であるとか、町工場の人間であるとか、あるいはライバル会社の社員であるとか、そんなことは井深さんや盛田さんにとってはどうでもいいことなのです。大切なことはただ一つ。「同じ夢を共有できるか」。その夢に向かって共に歩いていくことができるか。それをいちばん大切にしていたのです。

早くから世界に目を向けてきたソニー

一九七一年から始まった「ダボス会議」をご存じですか。世界経済フォーラムが毎年一月にスイス東部の保養地ダボスで開催する年次総会のことで、世界中から政財界のトップが集まることで有名です。その目的は「世界で起きている問題をみんなで共有し、その解決のために知恵を出し合う」こと。ソニーもこの会議には早くからトップが出席していました。

近年ではスウェーデンの環境活動家グレタ・トゥンベリさんが地球温暖化に対して鋭い警告を発しました。温室効果ガスの排出をゼロにするために、いったい私たちは何をすればいいのか。それはとても困難なことではありますが、まずはこの問題を共有することからすべてが始まるのです。

ソニーは常に世界に目を向けていました。ビジネスに国境などありません。よい商品であれば、世界中の人たちが買ってくれます。日本だけで売れるとか、欧米ならば売れるという商品などありません。世界中から評価される製品を目指すために、常に世界に目を向けてきたのです。

たとえば、アメリカの企業が新商品を開発したと聞けば、すぐさまその商品を取り寄せます。大賀さんも、欧米に出張に出かけるたびに「こんなものを見つけたぞ」と新商品を買ってきました。もしかしたら、いまソニーが開発に取り組んでいるものかもしれない。先を越されてしまったかもしれない。あるいは新商品のヒントになるかもしれない。ともかく世界中に情報の網を張り巡らせていたのです。

以前、アメリカのIT企業であるHP（ヒューレット・パッカード）とトップミーティングを行ったことがありました。社長の出井伸之さんをはじめとして実務の役員全員も同行することとなり、私も同席しました。ソニーとHPが共有できる課題や夢を探すことがミーティングの目的でした。HPからはカーリー・フェリーナ女史CEO以下の役員が出席し、総勢三十人の会議がサンフランシスコで行われました。

昼間は熱いディスカッションを行うわけですが、夜になると互いに心を開くためにパーティーが開催されます。会場には一本五万円はするワイン「オーパス・ワン」がずらっと並んでいます。出井さんと同じテーブルに着いた私は、思わずいいました。

「すごく贅沢なパーティーですね。こんな高価なワインが振る舞われるなんて」

すると出井さんはニヤッと笑っていいました。

「あのね、みのさん。オーパス・ワンをいくら飲んだところで、役員たちが多少贅沢したところで、会社は絶対に潰れない。デジタル時代に会社を潰すのはそういうものではなく、商品の品質と在庫です」

この言葉は私の心に深く刻み込まれました。同時にこう思いました。

「会社を潰すのは品質と在庫ならば、会社の勢いが失われるのは、夢が失われたときかもしれないな」

4　期待されるソニーマンとは

「まえがき」でも触れましたが、『ソニータイムス』という社内報があります。一九八六年四月二十二日に発行された『ソニータイムス』の一面には次のような見出しが躍っていました。「『What's SONY?』今、ソニーマンに求められる資質は」。それは「勇気」と「好奇心」。そしてこの見出しの横には、坂本龍馬の有名な写真が載っていました。「いままさにソニーという会社に求められているのは、坂本龍馬のような人材である」ということを示唆しているのです。

同年四月、ソニーグループ全体で三千四百名の新入社員を迎えました。「新人類」と称される若者たち。デジタル時代を迎えソニーを取り巻く環境が急速に変化しているなかで、彼らに求められるのはどのような資質なのか。とくに技術の発達のスピードはすさまじく、理工系の大学卒業者の知識などは、入社して五年もてばよいとされるほど技術革新の速度は速くなっています。ソニーに入社できたとしても、けっして安泰なサラリーマン生活が待っているわけではありません。時代の変化についていける力をそれぞれが身につけなくてはならない。『ソニータイムス』は、そういうメッセージを新入社員たちに送ったのでしょう。

タイムス
1986年4月22日
What's SONY?
それは「勇気」と「好奇心」
今、ソニーマンに求められる資質は
SO NY
1986年4月22日発行の『ソニータイムス』に刺激を受けて「ソニー龍馬会」を立ち上げる

記事の中に次のような一文があります。

「ソニーの人材活性化は、このチャレンジングな企業風土を失わないことである。一つの分野に固執せず、文系の人が事業部長になっても、エンジニアが経理を担当しても当然だという社風は大切にしなければならない。

What's SONY? に対する答えは、社会がソニーに何を期待しているかの裏返しでもある。この問いに対する答えが『勇気』と『好奇心』である限り、我々はチャレンジ精神を失ってはならない。そしてこのことをいつも肝に命じておくことが企業活性化の源だろう」

この文章に表現される行動を実践してきたのが坂本龍

馬であったということです。坂本龍馬がいうところの「勇気」とはいかなるものか。それは「十歩から十一歩に進むことではない。十一歩から二十歩まで歩を進めることではない。そんなものは勇気でも何でもない。本当の勇気とはゼロから初めの一歩を踏み出すということだ」。そして「好奇心」とは何か。「いろいろなものに好奇心を持つことは当然のことである。しかし、ほとんどの好奇心は抱くだけで終わってしまう。大事なことは、その好奇心を胸に抱きながら、それを社会のためにビジネスとして昇華させることである」。

ご存じのように、坂本龍馬は日本で初めての貿易商社である「海援隊」を設立しました。まさにベンチャーの先駆けです。あの時代には誰も考えなかったことです。もしかしたら、同じような発想をもっていた人間もいたかもしれませんが、龍馬のように行動に移した人間はいなかった。「海援隊」の設立は、それほどまでに新時代を見据えていたのです。

「一人では何もできない。しかし、一人が動かなければ何事も始まらない」

坂本龍馬を師と仰ぐことに決めた若き日の筆者

龍馬の精神はそこにありました。そして龍馬は「海援隊」に参加する者を募ります。その条件として「脱藩者であること」を挙げました。新しい時代を切り開くためには藩を脱藩してでも参加をしたいという「志《こころざし》」をもった人間こそが必要と考えたからです。あの時代、おそらく藩を脱けることには相当な覚悟が要ったと思います。もしかしたら人生を台無しにしてしまうかもしれない。しかし、それでも新しい時代に向けて行動しなければならない。そんな決意をもった人間たちが龍馬のもとに集結したのです。新しい時代に向けての「志」をもった人間。ソニーが求めていたのはそういう人材なのです。

私は古くから龍馬ファンでした。いや、ファンというような軽々しいものではありません。龍馬の生き方は、私の人生の指標でもあったのです。困難な場に立たされたとき、私はいつも一人で考えました。「龍馬ならどうしただろうか」と。

「龍馬を想うとき、われわれは生きる喜びを感ずる。龍馬の本を読むとそれがわかり、勇気が湧く。龍馬は志の高い人、ブレない人、行動の人、仲間を大切にする人、そして我が人生の師だ。高い志は気の帥《すい》なり」

私は事あるごとに、この言葉を書に認《したた》めます。

一九八六年四月二十二日に発行された『ソニータイムス』を手にしたその年に、私は「ソニー龍馬会」を立ち上げました。初めのうちはソニーの社員だけでの活動でしたが、やがて大きな輪となり広がっていきました。会員の数は年々増え続け、いかに龍馬ファンが多いかを思い知りました。

二〇〇〇年十一月に開催された「第十回全国龍馬会・東京大会」では、四名の龍馬ファンが講演を行いました。高知市長（当時）の松尾徹人さんは、龍馬の筆まめと足まめについて語りました。三井化学副会長（当時）の渡邊五郎さんは、龍馬の説得力について話をしました。ソフトバンク（現・ソフトバンクグループ）社長の孫正義さんは、戦略家としての龍馬の魅力を称えました。そしてソニーの蓑宮武夫は、有名な「船中八策」について熱く語ったものです。政財界を支えるような人たちもこの「龍馬会」に集まりました。そこでは肩書や年齢は関係ありません。共に龍馬ファンであり、これからの時代をいかに生きるかを考え合う仲間たちです。このすばらしい「龍馬会」は全国に広がりを見せ、現在も各地で盛んな議論がなされています。「ソニーの中に龍馬会をつくろう」。私がたった一人で始めたことが、いまや大きな波となっている。これこそが龍馬のいう「一人が動かなければ何事も始まらない」ということなのだとつくづく思います。

さて、この「第十回全国龍馬会」でパネル・ディスカションにも参加された孫正義さんとは、それまで面識はありませんでした。孫さんは強烈な「志」を抱きながら、さまざまな経営者のもとを訪れていたそうです。多くの経営者や企業から学びを得ることで、自らの志を成し遂げたい。もちろん井深さんや盛田さんのところにも足を運んでいたそうです。その結果、まさに龍馬のごとく、彼はみごとにベンチャーを立ち上げることに成功します。

「歴史上の人物で、いちばんすごいと思うのは織田信長です。そしていちばん好きなのは坂本龍馬です」と孫さんはいいます。

孫さんが坂本龍馬のことを知ったのは十五歳のときだったそうです。そのとき孫さんは、通っている高校を中退してアメリカに留学することを考えていました。もちろん家族からは大反対されたそうです。留学するにしても、日本の高校を卒業してからでも遅くはない。誰もがそう思うでしょう。しかし、孫さんは周囲の反対を押し切ってアメリカへと旅立ちます。結果として、このアメリカ留学によって、彼の才能は大きく花開くことになったのです。高校を中退してアメリカへ行く。そのときの彼の心境はどのようなものだったのか。そのときの気持ちを孫さんはこう喩《たと》えました。

「坂本龍馬が土佐藩を捨てて脱藩したときの心境です」

龍馬はわずか三十三歳という若さで生涯を終えました。しかし、その短い人生の中で、二百六十年強も続いた徳川幕府の統治パラダイムを根本からひっくり返したのです。次なる時代を見据える眼と、古き時代のパラダイムを転換させる力。それはまさに、いつの時代でもビジネスに求められるものだと私は考えています。

第3章

海外出張からの大いなる学び

ビジネスジェットを五機も保有

五十四歳の私は当時、ソニーでレコーディングメディア&エナジーカンパニーの責任者・役員を務めていました。人生の中でもっとも忙しかった時期かもしれません。

当時の五月から六月にかけての手帳を見返すと、余白がないほど予定で埋まっています。二カ月間での海外出張は五回。国内出張は七回。ソニートップとのミーティングが十四回に、他社トップとのミーティングが十回。官公庁との打ち合わせも五回あり、その合間をぬってのマスコミ取材が四回です。

これほど多忙にもかかわらず、オフの予定もぎっしりでした。送別会や昇進のお祝い会、懇親会などが計十四回。ゴルフも四回入っています。この他にも巨人阪神戦やオペラ鑑賞、ソニー龍馬会や高校の同窓会なども入っていました。実はソニーという会社は、外から見ればスマートな印象があるかもしれませんが、実際にはとても人間臭く、アナログ的なつながりをとても大事にする会社なのです。

「社内の関係者など大切な人が亡くなったときは、どんな重要な仕事があったとしても、葬儀に駆けつけなさい」

私は上司からそう教えられたものです。もちろん企業であるかぎり最優先するべきは仕事です。しかし、その仕事は共に取り組む仲間がいなければ成り立ちません。仕事を大切にする。

だからこそ共に働く人間を大事にする。それは海外の工場で働いている人たちも同じこと。そんな同志に対する思いがソニーという会社には溢れていたのです。

さて、もう一度当時の手帳に戻ります。ミーティングの回数が多いのは役員であるから当然ですが、注目すべきは海外出張の多さでしょう。二カ月で五回の海外出張。国内であれば日帰りもできますが、海外ではそうはいきません。アジアの近隣国でも二日や三日はかかりますし、アメリカのような広大な国ともなれば、国内の移動だけでも一日がかりです。ヨーロッパで数カ国回ろうとすれば、ゆうに一週間はかかってしまうでしょう。そのなかでどうして二カ月で五回もの海外出張をこなすことができたのか。その答えはビジネスジェットにあります。

当時のソニーは、五機のビジネスジェットを保有していました。おそらく当時五機ものジェットを保有していた日本企業はソニーだけだと思います。たとえば、アメリカ国内で数カ所回るとします。まずはＪＡＬやＡＮＡなどの民間機でロサンゼルスまで飛びます。そしてそこからの移動はすべてソニーのジェット機を使います。時間的な制約も受けませんし、機内で次の仕事の打ち合わせもできます。これほど効率的な出張はありません。

「タイムイズマネー」。井深さんと盛田さんのこの精神が息づいていた結果なのです。役員であれば自由にビジネスジェットを使うことができました。それゆえ一度の出張でヨーロッパなら数カ国も回ることができますし、身体も休めることができますし、機内にいるのはすべてソニーの社員ですから気分的にも楽です。あの忙しい役員時代を乗り切ることができたのも、ビジネスジェットがあればこそでした。

二〇二〇年に、七十八歳の俳優ハリソン・フォードさんがアメリカ西海岸の自宅から東海岸の息子の大学への送迎に、プライベートジェットを約五千キロメートル操縦して話題になりました。とにかくアメリカという国は広大で、時差は国内でも五時間もありますので、ビジネスジェットの必要性は日本とは比較になりません。

もちろん役員になる以前から、私は海外出張を数えきれないほどこなしてきました。三十代で新たな拠点をつくるために海外に行かされたことも何度もあります。訪れるすべての国は私にとって刺激的でしたし、そこから実にたくさんのことを学びました。もちろんたいへんなことも多々ありましたが、それらすべての経験がビジネスパーソンとしての私を育ててくれたと思います。

これまでに訪れたすべての国を紹介することは紙幅の関係でできませんが、印象に残っている国のこと、初めて経験したこと、いまでは笑い話の失敗談など、私の血肉となった経験を紹介します。

ソニー所有のビジネスジェットで、効率的に出張をこなすことができた

友情に厚い国・台湾

日清戦争を経て、台湾は日本の統治領となりました。他国に統治されるといえば、どうしてもマイナスのイメージがつきまとうものです。「占領される」という言葉を拭《ぬぐ》い去ることはできません。

しかし日本と台湾とのあいだには、そうしたマイナスのイメージはいっさいなく、かつて支配・被支配の関係にあったにもかかわらず両国で信頼と友情を築いてきた歴史があるのです。いまもなお台湾国民は非常に親日的であり、日本の文化や価値観が深く根づいています。その意味でも日本人はもっと台湾という国を理解し、大切にしていかなくてはならないと私は常々思っています。

八田與一《はったよいち》という日本人がいました。台湾人ならば誰もが知る偉人です。八田は台湾南部の嘉《か》南《なん》平野という場所に、十年の歳月をかけてダムの建設に尽力しました。それによって不毛だった大地が肥沃《ひよく》な農地に生まれ変わったのです。この地の農業の発展により、台湾は国家としての礎《いしずえ》を築いたといっても過言ではありません。

八田の功績は台湾の子どもたちに伝えられてきました。小学校の教科書にはいまも八田の業績が記されています。おそらく八田は台湾でもっとも有名な日本人でしょう。

台湾の人々は、日本人がしてくれたことをけっして忘れてはいません。日本に統治されたことは不幸な歴史ではなく、台湾の発展にとってはすばらしいことだった。そんな気持ちが彼らの心には残っているのです。そしてそれは世代を超えて受け継がれている。ほんとうにすばらしい国民同士の友情だと私は思います。

二〇一一年三月十一日、日本は東日本大震災という未曾有《みぞう》の災害に見舞われました。東北地方は壊滅的なダメージを受け、多くの命が奪われました。

もちろんこの情報はすぐさま世界中を駆け巡りました。このときいちばんに動いたのが台湾でした。日本に対しての支援を伝え、台湾政府、エバーグリーン・グループ等の法人・慈善団体、そして個人まで、多岐にわたる人々から集まった義捐《ぎえん》金二百五十三億円をいち早く送金してくれたのです。ところが、情報が錯綜《さくそう》したり、世界中からの支援によって、台湾からの支援は日本のメディアは大々的に伝えませんでした。まあメディアにしても、それどころではなかったのだと思います。

台湾の友情に対してお礼を伝えなくてはならない。マスコミが取り上げようが取り上げまいが、日本人として感謝の思いを伝えなくてはいけない。そこで私たちは、政財界の有志に声をかけ、台湾に感謝を伝えに行くことを決めました。

二〇一一年五月六日、私たち一行は台湾に向かいました。評論家の寺島実郎《じつろう》さんや、民主党の古川元久元大臣（現・国民民主党）とともに、台湾総統府に表敬訪問したのです。国として

2011年、台湾総督府を表敬訪問（左から２人目が筆者、４人目が寺島実郎さん、５人目が呂秀蓮副総統）

の正式訪問ではありませんが、日本と台湾とはこうした民間が主体となった交流が盛んに行われてきたのです。

私が初めて台湾を訪れたのは一九八四年のことです。SVT（ソニー・ビデオ・タイワン）を立ち上げるため現地に入りました。当時の台湾はまだ発展の途上にありました。台《タイ》北《ペイ》市の道路はバイクが占領していた。それも一台のバイクに五人くらい乗っている。乗っているというよりも「つかまっている」といったほうが正しいでしょう。空港から乗ったタクシーの足元を見ると、車底に穴が開いている。穴からは道路が丸見えです。なんともえらいところに来たものだと思ったものです。台北市はいまではすっかり洗練された大都会になりましたが、八〇年代までは混沌と

台湾で公私ともにお世話になった陳昭義さん

した街並みが残されていたのです。
　そのとき知り合った元太陽誘電の小林富次社長や、台湾の官僚を務めていた陳昭義さんとはいまも友情が続いています。陳さんは日本でいえば経済産業省のキャリア官僚です。ソニーは台湾にとってても重要な企業でしたから、私も随分とお世話になりました。なかでも陳さんに連れられてご馳走になった「ディンタイフォン」の小籠包《しょうろんぽう》は絶品でした。この有名店の小籠包はいまでは日本でも食べることができます。この小籠包を食べるたびに、私は台湾の活気溢れる街と、人情味に溢れる人々、そして陳さんや小林さんの顔が目に浮かんでくるのです。彼らとの温かな友情は、きっと私の心から消えることはないでしょう。
　去る二〇二〇年七月三十日、本省人初の中華民国総統となり、「台湾民主化の父」と称えられた李登輝《りとうき》さんが九十七歳で逝去されました、李登輝さんは日本が台湾を統治した時代に生き、日本人同様の教育を受け、京都大学に学び、陸軍少尉として終戦を迎えました。二〇〇九年十二月十八日、訪台中の日本の高校生約百人を前に「日本と台湾の歴史と今後の関係」というテーマで講演し、「あなたたちは偉大な祖先の功績を知り、誇りに思ってほしい。公《おおやけ》に尽くし、忠誠を尽くした偉大な祖先がつくりあげてきた『日本精神』を学び、それを大切にしてほしい」と述べました。そうした価値観をいまの日本人がややもすると失いつつあることに警鐘を鳴らしてくれたのです。

日本を代表して元総理大臣の森喜朗さんを団長とする超党派議員一行がいち早く台湾に弔問《ちょうもん》に伺いました。その行動を私は高く評価しています。李登輝さんのご冥福をお祈り申し上げます。

優しさが漂うタイ

「微笑みの国」と呼ばれるタイ。サワディークラップ（こんにちは）。タイにはソニーの工場が四カ所あり、私もその一つを統括する立場でしたので、幾度となくタイを訪れたものです。

もちろん私が訪れる目的はビジネスです。先方の担当者と、ときには厳しい交渉をしなければなりません。それは当たり前のことなのですが、なぜかタイのビジネスマンとの交渉は穏やかに進むことが多いのです。

ソニーという会社への信頼感もあるのでしょうが、ただそれだけではないと私は感じていました。どうして彼らは穏やかなのか。それはきっとタイという国に仏教の精神が根づいているからだと思います。国民の九〇％が仏教徒であるタイでは、成人男性に課せられた義務があるといいます。

タイの男性はみんな、人生の中で一度は出家しなければなりません。その期間は人それぞれで、二週間ほどの人もいれば一年に及ぶ人もいます。出家の期間はそれぞれですが、ともかく人生の一時期を修行僧として過ごさなければならないのです。

出家して仏教の修行をする。たとえそれが短い期間であったとしても、人々の精神に与える影響は大きなものとなるでしょう。すべての人々を平等に扱い、勝ち負けなどという二者択一の考え方をしない。それが仏教の基本的な考え方です。その精神を彼らは修行期間中に自然と身につけるそうです。

ビジネスの世界では勝ち負けがつきまといます。そこには厳しい競争原理が働いている。それは当然のことなのですが、彼らはそういう世界に身を置いてもなお、仏教的な優しい精神を忘れることはない。そんな精神性がビジネスシーンにおいても柔らかな空気を醸《かも》し出しているのではないかと私は思っています。

仏教の精神を大切にするタイでは、お坊さんがとても尊敬されています。たとえば、バスに乗っていても、お坊さんが乗ってくると誰もが席を譲ろうとします。お坊さんは厳しい修行を重ねている人です。そのお坊さんに対して最大の敬意を払うのは当たり前のことなのです。同じ仏教国である日本人はタイに学ばなければいけません。

観光旅行でタイを訪れたときも、お坊さんへの敬意を忘れてはいけません。馴れ馴れしく接したり、無作法にカメラを向けたりしてはいけません。もちろん罰則などはありませんが、タイの人たちは日本人に対してとてもよい感情をもっています。彼らの親日感情を裏切るような無作法はしてはいけないのです。

タイではドナルド・マクドナルドもワイ（合掌）をしている

作法といえば、タイ独特の挨拶があります。それが手を合わせる合掌です。相手に合掌することで挨拶をする。この合掌のことをタイでは「ワイ」といいます。このワイにも作法があります。手を合わせる位置は、相手の位が高いほど身体の上のほうで合わせなければなりません。胸の下のほうで手を合わせるのは、同等の人や年下の人に対してです。

また、挨拶は常に下の人のほうから行うのが当たり前です。目上の人に会えば、まずこちらから合掌をします。それに対して相手が返します。たとえば、食事をするためにレストランに入ったとき、こちらからワイをすることはありません。レストランにとってお客様はいわば「上」の人ですから、従業員のほうからお客様に挨拶をするのが礼儀です。日本人には謙遜の心がありますから、ついレストランに行っても自分のほうから合掌したりしますが、タイではマナーにかなっていないということになるのです。

レストランの話に関連して、タイ料理で有名なのがトムヤムクンです。これは世界三大スープの一つと称されるほどで、辛みのなかにも深い味わいがあります。トムヤムクンの味に魅了された人は大勢いることでしょう。意外と知られていないのがフカヒレ料理です。中華料理の代表的なメニューですが、実はタイでも人気なのです。その多くは日本の気仙沼《けせんぬま》（宮城県）から送られていますが、味付けは中華とは少し違っています。おそらく日本のタイ料理専門店でも食べられるでしょうから、興味のある方はぜひともご賞味ください。

ソニータイの工場にある社員食堂で、ランチ後のデザートといえば、マンゴーともち米にココナッツ・ミルクをかけたものが私のお気に入りでした。なんともいえぬ食感で、いまでも恋しいほどです。

このように、ふとしたときにタイを思い出すのです。温和で優しい人たちと美味しい料理にまた出会いたいと思わせる。それがタイという国の魅力です。

蛇足ですが、タイで「コーヒー」という言葉を使ってはいけません。必ず「カフェ」というようにしてください。タイ語で「コー」は「〜をください」という意味です。そして「ヒー」というのは女性の性器を意味します。これを知らずにレストランで女性の店員に向かって「コーヒー、プリーズ」などといったら、たいへんなことになります。

近代国家の一つの理想の姿・シンガポール

世界的にも人気の観光国家がシンガポールです。日本からも多くの観光客が訪れています。洗練された美しさをもち、治安がよく料理も美味しい。ともかく海外旅行を楽しむという意味においては最高の国です。私も家内を初めて海外旅行に連れて行ったのがシンガポールでした。

シンガポールは金融をはじめ製造・技術・観光・貿易・医療など、さまざまな分野で世界的な拠点となっています。一人当たりの購買力平価ＧＤＰは世界第三位。国民の九〇％が自分の家を所有しているという豊かな国です。二〇一三年以来、世界のエコノミストはこの国を「もっとも住みやすい都市」として格付けしています。どうしてシンガポールはこのような国家づくりに成功したのでしょうか。

その大きな要因が「規制国家」であると私は考えています。国民の教育や医療に関しては最大のサービスを提供しています。その税金を確保するために、一方では厳しい規制がなされている。たとえば、チューインガムを持ち込んだだけで罰金が科されます。もちろん施設内や公共の場ではすべて禁煙。喫煙に対する罰金も高額ですし、だいいち煙草自体が非常に高い値段に設定されています。

また交通渋滞を緩和させるために、ナンバープレートの最後の数字によって規制がかけられます。時間帯や曜日により走行できるのは偶数のナンバーだけ、奇数のナンバーだけと規制されるのです。これも違反すれば罰金です。

シンガポールでは裕福な家庭はメイドを雇っていますが、このメイドに対しても税金がかかります。メイドに支払う給料とは別に、国に対して税金を払うわけです。要するに裕福な人からはたくさん税金を徴収し、それを使って国民の生活基準を上げようという考え方なのです。

規制という点でいうと、麻薬に対してはおそらく世界でもっとも厳しい国だといえるでしょう。シンガポールには死刑制度があり、麻薬にも適応されているからです。シンガポールの入国カードにはこのように記されています。「麻薬密輸者は死刑」と。ぞっとするような文言ですが、裏を返せば法律や規制さえしっかりと守っていれば、とても安全で暮らしやすい国なの

ソニーシンガポール社長の小林剛さん（左）と

です。

街中はいつも清潔。医療も教育制度も充実している。ビジネスチャンスも多くあり、観光客が世界中から訪れる。いってみれば、近代国家の理想のかたちであると私は考えています。シンガポールの人口は約五百六十四万人。それくらいの人口規模だから成し遂げることができるのだという人もいますが、私はそう思いません。もちろん日本を一気に変えることは難しいでしょうが、五百万人規模の都市部で変えていくことは十分にできるはずです。地域が主体となって条例を整備し、安全で住みやすい街づくりを目指していく。そしてシンガポールのような国づくりを各自治体が目指せば、やがて日本も姿を変えていくことができるのではないでしょうか。規制だけを強めるというのではありません。規制と奉仕のバランスを取っていくこと。新しい国づくりのヒントがシンガポールという国にあるような気がするのです。

ソニーがシンガポールに本格的に進出したのは一九八〇年代です。現地の社長として弱冠三十四歳の小林剛さんを送り出しました。三十四歳の若手社員に社長を託してしまったのです、その期待に応えて、小林剛さんも十分な成果を上げました。そんな年齢をなんとも思わない人事を断行したソニーという会社はやはりすごい、といまさらながら思います。

十二月に入ると繁華街のオーチャード通りにクリスマスのイルミネーションが飾られます。ほんとうにきれいで、夜になるとよく散歩しました。定宿は、かの有名な「ラッフルズホテル」です。イギリス植民地時代に築かれたこのホテルは、世界中のＶＩＰの憧れです。白亜の美しいホテルの中にある「ＬＯＮＧ　ＢＡＲ」。落ち着いた雰囲気で味わう「シンガポールスリング」。忙しく仕事をこなしたあとの一時の休息はなんともいえぬ贅沢な時間でした。いまでも懐かしく思い出されます。

イスラム理解への入口・マレーシア

一般財団法人ロングステイ財団が行った調査によると、日本人が住みたい国・地域の第一位に十四年連続でマレーシアが選ばれたそうです。一年中温暖な気候に恵まれ、さまざまな食文化を楽しむことができます。物価は日本の三分の一ほどで、交通費や住宅費用も安く済みます。街はとても安全で、何より親日が根づいているのです。

マレーシアの人たちが親日になったのは、一九八〇年以降に経済交流が増えたことが理由です。そして何よりも日本という国は、太平洋戦争の敗戦から短期間でみごとに復興を果たした。その姿に彼らは驚嘆と尊敬の念を抱いたのです。そこでマハティール元首相が打ち出したのが「ルック・イースト・ポリシー」というスローガンでした。「東を見なさい。日本という国を模範としよう」。その精神がマレーシアの原動力となったのです。

私もビデオ工場を立ち上げるために幾度となくマレーシアを訪れましたが、常に彼らは敬意をもって温かく迎えてくれました。マレーシアにとってソニーという企業は重要な存在ですが、ただそれだけの理由ではなく、国民の多くが日本人に対して親愛と尊敬の念を抱いてくれているとと感じたものです。

マレーシアに行くと、誰もが受ける洗礼があります。それが「サラート」です。マレーシアの国民の六〇%がイスラム教徒です。イスラム教では一日に五回、お祈りの時間が決められています。サウジアラビアのメッカの方角に向かって一斉にお祈りをする。これが「サラート」です。「サラート」の時間になると、街中に大きな音が鳴り響きます。お祈りの時間を知らせる合図です。

初めてマレーシアに滞在したときのこと。早朝にものすごい音量で「サラート」の合図が流れてきました。何事かと驚いてベッドから飛び起き、カーテンを開けると、空はまだ真っ暗の夜明け前です。これから毎朝この音で起こされるのかと思うと、少しだけ気分が落ち込んだことを思い出します。まあこれも自然と慣れてくるのですが。

さて、イスラム教徒が多いマレーシアですが、キリスト教徒やヒンドゥー教徒も混在しています。民族でいえばマレー系が多いのですが、華人系やインド系の人々も共に暮らしている。いわば多民族国家として、お互いに尊重し合いながら生きているのです。このマレーシアという国を知ることは、「ダイバーシティー」を理解するヒントになるような気がします。

さらにいえば、マレーシアを知ることは、すなわちイスラムを知る入口にもなると私は考えています。イスラム教というと過激な宗教であるような印象があるかもしれませんが、それはごく一部の戒律の厳しい信者たちです。本来のイスラム教徒は、とても穏やかで争うことを嫌います。実際にマレーシアの人たちはほんとうに穏やかです。もしもイスラム教に対する偏見をもっている人がいたら、一度マレーシアを訪れることをお勧めします。きっとイスラム教に対する見方が一変するでしょう。

そんなすばらしい国であるマレーシアですが、個人的にはとても辛い思い出があります。それは部下であった鶴丸君の死です。

マレーシアでのビジネスを展開するため、私は二人の部下を伴って現地に入りました。夕食後に私の部屋で少し打ち合わせをして、「では明日から頑張ろう」といってそれぞれの部屋に戻りました。そして翌朝、出発の時間になっても部下の鶴丸君が現れません。もう一人の部下に部屋を見に行ってもらうと、鍵がかかったままで中から応答がないという。異変を感じた私は、すぐさまホテルの従業員に伝え、警察官にも来てもらいました。

みんなが立ち会うなか、従業員が部屋のチェーンを金切鋸で切断しました。シャワールームからは熱い湯が勢いよく流れたまま。そのシャワーに打たれた状態で、鶴丸君は息を引き取っていたのです。部屋の冷房はガンガンに効いていました。想像するに、お酒を飲んだ彼は、少しのあいだソファでうたた寝でもしていたのでしょう。夜中になり目が覚めた彼は、冷えきった身体を温めようとシャワーを浴びた。冷えた身体にいきなり熱いシャワーを浴びたことで心臓麻痺を起こしたらしいのです。

まだ四十歳そこそこという若さでした。羽田を飛び立ってから二十四時間も経っていません。突然の訃報を聞いた奥様はとうてい受け入れることができなかったと思います。私は警察からの要請によって、彼の検死にも立ち会いましたが、私もまた彼の死を受け入れることができませんでした。

本来ならば遺体は現地で荼毘《だび》に付してから御骨だけを持ち帰ります。しかし奥様は遺体のまま日本に連れて帰りたいという。それも貨物室ではかわいそうだから、同じ客室に乗せて帰りたいといいます。もちろんそんなことは無理ですということもできたのですが、私はなんとかして奥様の願いを叶えてあげたいと思いました。客室に棺桶を乗せる。そんなことを航空会社が引き受けるはずはありません。ＪＡＬからもＡＮＡからも無理だといわれました。当然のことです。

そこで私は最後の望みをマレーシア航空に託しました。これまでソニーはマレーシア航空を頻繁《ひんぱん》に使ってきました。彼らにとってソニーは大の得意先です。その甲斐あってか、マレーシア航空が私たちの願いを聞いてくれたのです。ファーストクラスをすべて貸し切り、ソニーの社員と奥様と、鶴丸君の亡骸《なきがら》を乗せて帰ってきたのです。

あのときマレーシア航空がしてくれたことはおそらく航空業界ではタブーだったのかもしれません。本来ならば受けてはいけない依頼だったのかもしれません。しかし、マレーシア航空の決断には、単なるビジネスの損得勘定ではなく、イスラムの国としての優しさがあったような気がするのです。

インドネシアで教えられた危機意識

シンガーソングライターの五輪真弓さんに『心の友』という曲があります。一九八二年に発表したアルバム『潮騒』に収録された楽曲ですが、シングルカットされなかったため、五輪さんのファンならば知っているでしょうが、日本人の誰もが知るような曲ではありません。ところが、インドネシアに行くと、この曲を知らない人はほとんどいません。それはまるで第二の国歌というくらいインドネシアの国民に浸透しているのです。

あなたから苦しみを奪えたその時
私にも生きてゆく　勇気がわいてくる
あなたと出会うまでは孤独なさすらい人
その手のぬくもりを　感じさせて

（作詞・作曲・唄　五輪真弓）

どうしてこの曲がこれほどまでに浸透したのか。それは歴史の中に見ることができるのです。

一九四五年八月十五日、日本は太平洋戦争に敗れました。敗戦国となったのです。その二日後に、インドネシアは独立を宣言します。それまで三百五十年間にわたりオランダに支配されてきました。オランダはインドネシアの部族間の抗争を煽《あお》ったり、重税を課したりしてインドネシアの人々を苦しめてきた。教育までも禁止するという政策を打ち立てたこともあります。そのオランダと戦火を交えたのが日本でした。セレベス島に日本軍の落下傘部隊が降下する様子を見て、インドネシアの民衆は感動したといいます。

戦争をきっかけにして、オランダからの独立を図ろうとするインドネシア。それを認めようとしないオランダ。その結果、インドネシアは二度にわたる独立戦争に突入します。このとき、インドネシアの義勇軍とともに戦った日本兵がいました。その数は一千人にものぼります。一千人もの日本兵がインドネシア独立のために戦った。この史実はあまり知られてはいません。しかしインドネシアでは、この日本人兵士たちへの感謝の気持ちを忘れることはありませんでした。彼らにとって日本とは、まさに独立を共に勝ち取ってくれた同志でもあるのです。おそらくこのような背景もあり、『心の友』という曲が歌い継がれてきたのだと思います。

戦後、日本はインドネシアを経済面でも支えてきました。インドネシアにとって日本は最大のODA提供国です。二〇一六年までの政府開発援助の累計は五・五兆円を超えました。直接投資の面でも、シンガポールに次いで第二位の投資国となっています。インドネシアの人々にとって日本とは単なる親日などという言葉では言い表せない。まさに家族のような思いを抱いているのです。

私がインドネシアでビジネスを展開したとき、彼らが潜在的にもっている危機意識に触れたことがありました。

現地の責任者を務めていたのが「ジローさん」という人物です。もちろん彼は日本人ではなくインドネシア人です。どうして「ジロー」なのかというと、親日的なインドネシアでは、多くの人が日本人の名前をニックネームとして使っているのです。アメリカに憧れてアメリカ人のようなニックネームを日本人がつけるようなものでしょう。

あるとき、ジローさんと昼食を共にしました。何気なく彼の手を見ると、立派な金《きん》の指輪をはめていました。よく見ると、首にも太い金のネックレスをぶら下げている。おそらく相当な金額になるでしょう。ジローさんはごく普通のビジネスマンですから、金の装飾品を身に着けられるほどのお金持ちではありません。それなのにどうして。私は思わず聞きました。

「立派な指輪をしているけれど、装飾品が趣味なのですか」

「これは趣味などではありません。資産を守るための手段なのです」

彼の言い分はこうです。たとえばいくらお金を貯めたところで、いったん政変が起きてしまえば紙くず同然になる。株などに投資しても資産は保証されない。紙幣なんて政府の一声によって価値が百分の一になってしまう。それに比べて金の価値は世界共通です。ともかく金に換えておきさえすれば、国に何が起きても資産をもって逃げることができる。自分の資産は自分の手で守る。それが金をもつ意味だというのです。

まさに彼のいうことは当を得ています。銀行の口座にいくらお金があったとしても、政変が起これればゼロになってしまうかもしれない。紙幣は国が勝手に刷るものですから、本来的な価値はないともいえるでしょう。平和が続けばそれでもいいのですが、有事はいつやってくるかわかりません。

幾多の政変を経験してきた彼らだから、我が身を守る危機管理意識があるのです。必要以上に危機意識を煽るつもりはありませんが、日本人には彼らがもつ危機意識は薄いような気がします。安穏《あんのん》と国を信じて生きるのか。はたまた国から自分を守る術《すべ》を常に考えながら生きるのか。どちらが正解なのかはわかりませんが、もう少し危機意識をもつことが日本人には必要ではないでしょうか。

戒律の厳しさを目の当たりにしたサウジアラビア

サウジアラビアの西部に位置するマッカ州のジッダに、ソニーのサウジアラビアの拠点となる営業所があります。私も幾度か足を運びましたが、メッカの西約七十キロメートルに位置するこの町は、紅海を望む景色のすばらしいところです。サンゴ礁に包まれた海はまるで絵画のような美しさです。私は水深十〜二十センチメートルぐらいの珊瑚礁の海辺でたくさんの熱帯魚を間近に観賞して感動しました。一方で、私がたまたま遭遇した大巡礼の際、空港近くの待

合所で見た光景はいまでも忘れません。待合所のテントは屋根の部分のみ覆われているものの、周囲に囲いはなく、それでもエアコンをガンガンに効かせていました。それを見て、さすが石油王国だなと実感した次第です。

初めてジッダの営業所を訪れたときのことです。営業所に入るなり私は違和感を覚えました。きれいに整ったオフィスは日本と変わりません。たしかに、ここはソニーの人間が仕事をする場所です。にもかかわらず、そこには日本では感じたことのない違和感がありました。その正体はすぐにわかりました。

広々とした営業所の中に、女性が一人もいないのです。事務をしているのはすべて男性。もちろん私にコーヒーを出してくれたのもいかつい男性でした。ここはイスラムの地。女性の社会進出がまったく進んでいなかったのです。私も数カ月前からひげを生やし、大人の威厳を強調しての出張でした。

ソニーサウジアラビア営業所にて。ひげを生やしていたころの筆者（右）

国民のほぼ一〇〇％がイスラム教徒というサウジアラビアは、イスラム国のなかでももっとも戒律が厳しい国です。女性が外出するときは、たとえ外国人の女性でも「アバーヤ」という黒い衣装で全身を覆い隠さなければなりません。表に出ているのは目だけです。少しでも人前で素肌を晒そうものなら、たちまち「ムタワ」と呼ばれる宗教警察につかまってしまいます。

レストランの入口も男性と女性とでは別々です。女性のスポーツ観戦が許されておらず、また世界で唯一、女性が運転免許を取得できないことで有名でした。その後、二〇一七年に王位継承者になったムハンマド皇太子が経済改革を進めたことで女性の社会進出が積極的に行われ、ついに二〇一八年六月二十四日、女性の運

サウジアラビア・ジッダの紅海沿岸で束の間のバカンスを楽しむ筆者（中央）

転免許の取得が解禁されました。それが世界中のニュースになるほどに、サウジアラビアの戒律は厳しいことで知られているのです。

少しずつ戒律は緩やかになっているようですが、それでもいまだに世界では考えられないような戒律も残されています。男女の恋愛に厳しいサウジアラビアでは、他人の奥さんを褒めることはタブーです。たとえば、友人の奥さんのことを「相変わらずきれいだね」などと褒めるのは日本では問題ありませんが、サウジアラビアでこんなことをいったらたいへんです。「お前は私の妻をそんな目で見ていたのか」というふうに捉えられます。

もちろん不倫はご法度中のご法度です。もしも不倫がバレたら、たちまち捕まって石打ちの刑に処されます。土の中に首まで埋められ、土から出ている頭をめがけてみんなで石を投げるという刑罰です。信じられないような残酷な刑罰ですが、これがいまだに残っているのです。

海外から来る人間に対しても宗教的なチェックがなされます。現在ではどうなっているかわかりませんが、少なくとも私が出張した時代には、ビザを申請する際に私の両親や祖父母の宗教まで書かされた覚えがあります。もちろん祖父母はとっくに亡くなっていますが、それでもいかなる宗教を信仰していたかを記さなくてはならない。その目的が何なのかはわかりませんが、とにもかくにもイスラム教が強烈な一神教であることが見て取れます。

サウジアラビアではアルコールも厳格に禁止されています。もちろんこの戒律は守らなければなりませんが、そこには多少の抜け道もあるようです。街中にアルコールは売っていませんが（ノンアルコールビールはスーパーでも売られています）、内緒で自分で造ることはできます。

そこで彼らはブドウを使ってお酒を造っているようです。これは私も知らなかったのですが、ブドウは自然発酵させるだけでワインになるのです。ブドウの果皮には天然の酵母菌がついており、瓶の中で潰したブドウを熟成させると簡単にお酒ができるそうです。

いくら戒律でお酒が禁止されていても、やはり呑兵衛《のんべえ》はどの国にもいるものです。サウジアラビアから一緒に飛行機に乗り込んだ現地の人たちは、飛行機が離陸した途端にお酒を飲み始めたものです。空の上ではイスラムの戒律は及ばないのだと、勝手な理屈をこねてお酒を楽しんでいました。いくら戒律が厳しい国とはいえ、やはり人間らしい抜け道はあるものです。美味しそうにビールを飲む彼らの姿を見て、私は少しほっとした気持ちになりました。

スペイン・バルセロナの夏

一九八二年、私はベータ・マックス（ビデオ）製造の工場を立ち上げるべくスペインに入りました。現地で工場用地を探し、そこに工場を建設。最終段階としてスペイン政府の許可を申請する。その一連のミッションを私は託されました。三十八歳で全権大使を任されるのですから、大きなやりがいを感じたものです。

さて、工場設立の準備も整い、あとは政府の認定を待つだけとなりました。スペインの首都はマドリードですが、私たち一行は許可が下りるまでソニーの営業拠点があるバルセロナで過ごすことにしました。

バルセロナはイベリア半島の北東岸に位置し、地中海に面した美しい街です。魚介類が中心の料理は美味で、とくにマグロ料理は安価で絶品ばかり。日本では高価な大トロも庶民的な値段で食べることができます。地中海を眺めながら飲むワイン。酒のつまみはマグロのカルパッチョ。毎晩、至福の時間を楽しみました。

ところが、難点が一つありました。すさまじいばかりの暑さです。真夏のバルセロナの気温は、日中では四十℃にも達します。オフィスのエアコンを最大にしても、とても暑さは和らぎません。人間の体温を超える暑さには世界中を飛び回ってきた私も心底まいったものです。

この暑さのなかで、気づいたことがありました。それは、コーラの美味しさです。私はそのときまでコーラを口にすることは滅多にありませんでした。ところが、バルセロナの暑さに身を置くと、不思議とコーラが飲みたくなるのです。冷えたコーラの美味しさは、これまで味わったことがありませんでした。「なるほど、欧米の暑い国でコーラが愛されているのはこういうことか」と納得しました。食べ物と飲み物。やはり食文化は国々の環境によって育まれていくのでしょう。

さて、私がバルセロナに滞在していた時期、たまたまスペインでサッカーのワールドカップが開催されていました。欧州におけるサッカー人気は日本では考えられないほどです。スペインも国全体がワールドカップ一色に染まっていました。

私も三試合観戦する幸運に恵まれました。ワールドカップのチケットはプラチナチケットです。高価な値段もさることながら、簡単に手に入るものではありません。なにせ世界中からファンが押し寄せるのですから。

ブラジルが生んだサッカーの神様といえばペレです。「二十世紀最高のサッカー選手」とも称されるペレの名前は、サッカーファンならずとも知っているでしょう。実はこのペレと、ソニー欧州は契約をしていました。世界中のスポーツや芸術を後押しすることは、ソニーが展開してきたブランディング戦略です。その関係からチケットを入手することができ、なんと三試合も観戦できたのです。ソニーの社員であったこと。バルセロナに仕事で行っていたこと。そこで四年に一度のサッカーワールドカップが開催されていたこと。これらが天からの贈り物のようにみごとに重なったというわけです。

これを機に私は幾度となくバルセロナを訪れることになるのですが、バルセロナに行くと市街地に点在するアントニオ・ガウディが建築した建物を見学しながら、必ず立ち寄る場所があります。それがサグラダファミリアです。ガウディが設計した聖家族教会で、一八八二年から建設が始まりましたが、いまだ完成していません。二〇二六年に完成予定といわれていますが、それも不確定なものでしょう。いつ完成するかわからない。その不確実性に人々はロマンを感じているのかもしれません。

このサグラダファミリアの建設資金は、驚くことに一般からの寄付によって賄《まかな》われています。政府や大富豪が資金を提供しているわけではありません。あくまでも一般の人々からの浄財で建設する。これは中世の大聖堂が掲げていた信念でもあるのです。何万人、何十万人、いや何千万人という人たちが少しずつお金を出し合ってつくる。聖堂とはそのことに価値があるのかもしれません。

サグラダファミリアの近くに、生ビールを売る露店があります。私はいつもそこで大きなグラスに入った生ビールを買います。そしてゆっくりとビールを味わいながら建築中の大聖堂を眺める。多忙なビジネスのなか、ほんの少し自由な気分を味わうひとときです。

オランダで気づいた人間関係の括り

江戸時代の鎖国下、日本が唯一、外交関係を結んでいたのがオランダです。当時オランダからもたらされた学問や技術は「蘭学」として日本中に浸透しました。また皇室同士の交流も深く、二〇〇六年にはオランダ王室が雅子妃殿下（現・皇后）の療養のため皇太子（現・天皇）ご一家を招待し、およそ二週間、王室の離宮で静養の機会を提供したことは広く知られています。

ソニーもオランダは重要な拠点として捉えてきました。オランダにはリペア部品センターや欧州本社機能があり、まさに欧州における戦略拠点ともいえる国でした。

その関係で、私も数えきれないほどオランダに足を運んだものです。このオランダ出張を通して、私自身が気づかされたことがありました。それは二回目のオランダ出張のときのことだったと思います。

オランダの首都はアムステルダムですが、東京のような大都市ではありません。人口は約八十万人で、面積は横浜市の半分ほどの大きさです。そんなコンパクトな街ですから、日本のビジネスパーソンが食事をするレストランはだいたい決まっています。二次会のカラオケ屋にしてもだいたい同じ店に日本人が集まることになります。

あるとき、夕食を終えた私たちは、二次会はカラオケという流れになりました。カラオケといっても日本のようなボックスタイプではなく、他の客と一緒に楽しむかたちです。そのカラオケ屋で、たまたま隣同士になったのが三菱商事の面々でした。日本ならば、ソニーの社員と三菱商事の社員が一緒に飲むことなどおそらくないでしょう。しかし海外という場で出会うことによって、そこには「同じ日本のビジネスパーソン」という括《くく》りが生まれます。業種が違っても、あるいは日本ではライバル同士の会社であっても、海外で出会えば互いに仲間意識が生まれます。それはとても心地よいものでした。

私が秘書役兼サポートとして連れて行った青木桂子さんはソニーでは名の知れた敏腕社員です。仕事もできるし容姿も端麗です。歌もうまく、三菱商事のみなさんのために演歌を数曲熱唱しました。その歌声に感激した三菱商事の人たちが、私たちソニーのカラオケ代をご馳走してくれたのです。それ以来、彼らと会うことはありませんでしたが、遠い国で起きた温かな出会いはいまでも忘れることはできません。

人間関係とは「括り」から生まれるのが基本です。同じ会社という括り。同業者という括り。あるいは同郷であったり、同窓という括りもあるでしょう。ビジネスにおいても、人間関係の基礎となる括りは意外と大事なものです。そして不思議なことに、この括りとは場面や場所によって変化してきます。

たとえば、ソニーとパナソニックはライバル関係にあるといえます。日本の中で、お互いの工場を訪問することなど考えられません。お互いに知られたくないものがあるからです。これは国内における「ライバル関係」という括りでしょう。ところが、海外に行くと、ソニーの社員がパナソニックの工場を訪れたり、パナソニックの社員がソニーの工場に見学に来たりします。同じ日本企業なのだから、お互いに協力できることはやろうという発想になるのです。つまり「ライバル関係」という括りから「同じ日本企業」という括りに変わるわけです。そしてこの関係性の括りを変えることで、実は視野がどんどん広くなっていくのです。

一つだけの括りに執着していれば、そこから新しい発想は生まれません。もしも共通する括りがないのであれば、それを探す努力をすることです。国も違えば言葉も違う。考え方もビジネスに対する価値観も違う。そんな相手とどうやってビジネスの端緒を見つければいいのか。趣味という括りを探してみることも一つの方法でしょう。

まったく共通点のなさそうな相手でも、釣りが好きという同じ趣味をもっていた。それがきっかけとなって関係性が深まっていくこともあるでしょう。肌の色が違っても、言葉が通じなくても、二人並んで釣り糸を垂れる。ただそれだけで心は通じ合うものです。ゴルフでも映画でも音楽でもＯＫ、表面的なつながりだけに目を向けるのでなく、裏に隠れたつながりをお互いに探してみること。そしてそれは必ず見つかります。同じ人間同士なのですから、必ず一つや二つは共通するものがあるはず。その括りを探す努力をすることの大切さに私は気づかされたのです。

江戸時代から交流が深かったオランダですが、日本とはまったく違う価値観が存在しています。たとえば、オランダでは大麻は合法です。女性が売春をすることも、国の管理のもとで許されている。安楽死も権利として認められています。いずれもいまの日本では受け入れられない価値観です。

しかし、その価値観の違いは善《よ》し悪《あ》しの問題ではありません。どの国も独自の価値観で成り立っている。それは違っていて当たり前です。互いの価値観を認め合うこと。けっして相手の国の価値観を否定しないこと。それこそがグローバル化・ダイバーシティーの根底でなくてはなりません。そして互いの価値観が違うからこそ、私たちは一人ひとりが「温かな括り」を探す努力をしなくてはいけないのだと思います。

美しき貴族の国・ハンガリー

ヨーロッパの中でも、歴史的に文化と芸術が熟成された国がハンガリーといえるでしょう。ハンガリーにはソニーのビデオ関係の工場がありましたので、私も何度か足を運びました。ハンガリーの首都はブダペスト。ドナウ川を挟んで、西岸にブダ、東岸にペシュトという二つの街がありました。この二つが合併したのがブダペストです。『美しき青きドナウ』という有名な曲があるように、とにかくブダペストという街は美しい。二百以上の博物館があり、街並みそのものが世界遺産に登録されています。私も街を歩いたとき、ヨーロッパの中でももっとも美しい街の一つといわれていることに納得しました。

絶世の美女と謳われたオーストリアのエリザベート皇后

ブダペストの街を歩いていると、ビジネスのことさえ忘れてしまいます。そこはまるで「おとぎの国」ともいえるでしょう。レストランも、かつての貴族社会を彷彿とさせる設《しつら》えになっています。歴史ある店内に座っていると、まるで自分が映画のワンシーンに紛れ込んだような気分になります。食事をしていると、バイオリンの生演奏もあります。私がチップを渡すと、彼らは『さくらさくら』を即興で演奏してくれました。そんなさり気なさもまた上品に思えたものです。

ところでみなさん、エリザベート（愛称：シシイ）という女性の名前を聞いたことがありますか。約六百五十年にわたりヨーロッパに君臨したハプスブルク家の最後の皇妃で、その美貌はヨーロッパ宮廷随一といわれました。十六歳のときにオーストリア皇后となりますが、その後さまざまな時代の波に翻弄された女性です。彼女を描いた作品は世界中にあります。日本でも宝塚歌劇団がミュージカル『エリザベート』を上演しています。ここでは詳細は書きませんが、興味のある方は彼女の生涯を描いた書物をぜひお読みください。

ハンガリーでの思い出をもう一つ。ブダペストから車で一時間ほどのところにゴドロという街があります。ここにソニーのハンガリー工場がありました。美しい森に囲まれた工場で、こんなところで一年くらい仕事をしてみたいと思ったものです。ゴドロ工場の社長を務めていたのが松岡良樹さんです。

あるとき、松岡さんから「みのさん、今週末にハンティングに行くのですが、ご一緒しませんか」という誘いを受けました。松岡さんにかぎらず、出張中で仕事がオフの日は、現地のスタッフが私を気遣ってさまざまなセッティングをしてくれました。ゴルフ場を予約してくれたり、クルージングで大海原に連れて行ってくれたり、いろいろな経験をさせてもらいましたが、ハンティングに誘われたのは初めてでした。残念ながら日程の調整がつかず行くことはできませんでしたが、やはりこの地には貴族の文化が残っているのだと実感させられたものです。

貴族の生活において、もっとも贅沢な趣味がハンティングです。森の中に猟犬を伴って入り、野生の動物をハンティングする。ハンガリーには三百八十種類もの野鳥がいるそうですが、それらがハンティングの対象になるのです。まさに狩猟民族としてのＤＮＡが引き継がれているといえるでしょう。

狩猟民族である欧米人にとって、五感のなかで象徴的な働きをするのは嗅覚です。狩猟犬がクンクンと鼻を鳴らしながら獲物を追って進んでいく、その後を人間も追いかけるわけですから、人間だって鼻を使わなければ置いていかれる。欧米人は日常的に鼻を利かせています。たとえば、ワインを味わうときの彼らのしぐさを観察してみればわかります。彼らはまずは香りを嗅いで、それからちょっと口に含んで味や舌ざわりを確かめる。また、個性を表現する香水文化の発達もうなずける気がします。

ヨーロッパの中でも古い歴史を誇り、貴族社会の文化や芸術を守ってきたハンガリー。その歴史に触れながら、私は改めて世界の大きさと奥深さを感じたものです。

ルーマニアで知った大使館の役割

一九八九年十二月に勃発したルーマニア革命は、武力によって共産党政権が打倒された唯一の革命であり、当時の指導者であるルーマニア共産党のチャウシェスク書記長が処刑されたニュースは世界中に衝撃を与えました。

このルーマニア革命にソニーが関わりをもつことになるとは、当時の私は知る由もありませんでした。

一九八九年十二月、反政府勢力がルーマニアの国営放送局であるルーマニアテレビを占拠しました。放送局の占拠は国家としての一大事です。情報管理ができなくなるわけですから、国家の心臓部を乗っ取られたことと同義でしょう。そして反政府勢力は放送局の機器を破壊してしまいます。なかでもスタジオNO．4は最重要のスタジオでした。

国営放送局の機器が破壊された。これは速やかに修復しなければ国家の運営に差し支えます。窮状を知った盛田昭夫社長（当時）は、すぐさまルーマニアテレビに放送機器を贈呈することを決めたのです。

その準備を託されたのが、私の上司の森尾稔さんで、私も同行することになりました。ともかく盛田さんが贈呈式に行くまでに、私たちがルーマニアに入って準備をしなくてはいけません。ところが、革命の火が完全に消えたわけではない。名残ともいえる危険な状況が続いてい

在ルーマニア日本国大使館にて。前列左から筆者、森尾稔さん、市岡克博大使

ました。

　そういう状況もあり、私たち一行はルーマニアに着くと、まずはルーマニアの日本大使館・公邸に入りました。私もさまざまな経験をしてきましたが、海外の日本大使館に入るのは初めてです。さっそく市岡克博大使と一緒に昼食を食べましたが、緊張のあまり料理の味はまったく記憶にありません。ただ、料理と一緒に出された日本酒の熱燗《あつかん》の美味しさは格別だったことだけは覚えています。銘柄を聞きたかったのですが、場の空気を読んでやめました。

　大使館からルーマニアテレビまでは大使館の車で移動しました。警察車両に先導され、日の丸の旗を掲げて進みました。まるで日本を代表するかのような気分になったものです。こんな貴重な経験をさせてもらえたのですから、盛田さんや森尾さんには大感謝です。

　贈呈式のことは詳細に覚えていませんが、とにかく大使館での出来事は印象に残っています。たとえば、大使館には公邸料理人がいます。大使自身が採用したり、あるいは公募によって選ばれる料理人です。日常的には大使夫妻の食事をつくるのですが、月に何度か開催される会食やパーティーのときには忙しさが増します。

　各国の大使館でもっとも重要な日は「天皇誕生日」です。世界中の日本大使館では「天皇誕生レセプション」が開催されます。国によって規模は異なりますが、多いところでは数百人もの要人を招待するそうです。そのおもてなしをするわけですから、公邸料理人には日本の食文化に対する豊富な知識も要求されます。日本酒を選ぶことも大事な仕事なのです。ちなみに、日本を代表するフレンチのシェフ、三國清三《みくにきよみ》さんもまた公邸料理人の出身です。

　大使館の大使というと、なんとなくのんびりとしていて優雅に思えるでしょうが、実情はそうでもないようです。日本政府の代表という緊張感やプレッシャーは相当なものであると、私たちをもてなしてくれた市岡大使は仰っていました。

　大使館の役割を簡単に説明すると、以下のようなものだそうです。
①相手国の政府との話し合いや連絡を行う
②その国の政府・経済などの情報を集め分析する

③その国の発展を支援するために開発協力を行う
④日本を知ってもらうための文化交流を企画したり、広報活動をしたりする
⑤その国の人が日本に行くとき必要なビザを発給する
⑥事件や自然災害が発生したとき、観光や留学、仕事でその国にいる日本人の安否確認をしたり、被害に遭った人を助けるための活動を行う

一九八九年ごろになると、ソニーはすでに世界中に知られていました。もちろんその事実は当たり前のように私も感じていましたが、改めてソニーブランドの広がりを実感させられたエピソードがあります。

ルーマニアで暮らす少年がいました。貧しさのなかで生きる少年の宝物は枕です。

「僕の枕は日本製なんだ。ソニーの枕なんだ。すごいだろ」というのが彼の自慢でした。

枕には「ＳＯＮＹ」のロゴが入っている。もちろんソニーが枕をつくることはありません。

まあ著作権上では違法でしょうが、嬉しそうに「ＳＯＮＹ」の枕を自慢する笑顔の素敵な少年から、それを奪うことなどできません。

芸術と文化の国・フランス

フランスの南西部にあるバイヨンヌはスペイン国境に近く、フランスのなかでも有名な避暑

地として知られています。バイヨンヌにはソニーの工場が二カ所あり、どちらも私が統括していましたので、この地にも頻繁に足を運びました。

　プライベート・ビーチが点在し、優雅に避暑を楽しむ人々が街中を闊歩《かっぽ》しています。さり気ないお洒落をして、心地よい風に吹かれながらランチを楽しんでいる。「ああ、避暑を楽しむとはこういうことなのだな」と私はつくづく思ったものです。日本にも避暑地と名のつくところはたくさんありますが、やはりヨーロッパのそれとはまた別のものであるような気がします。

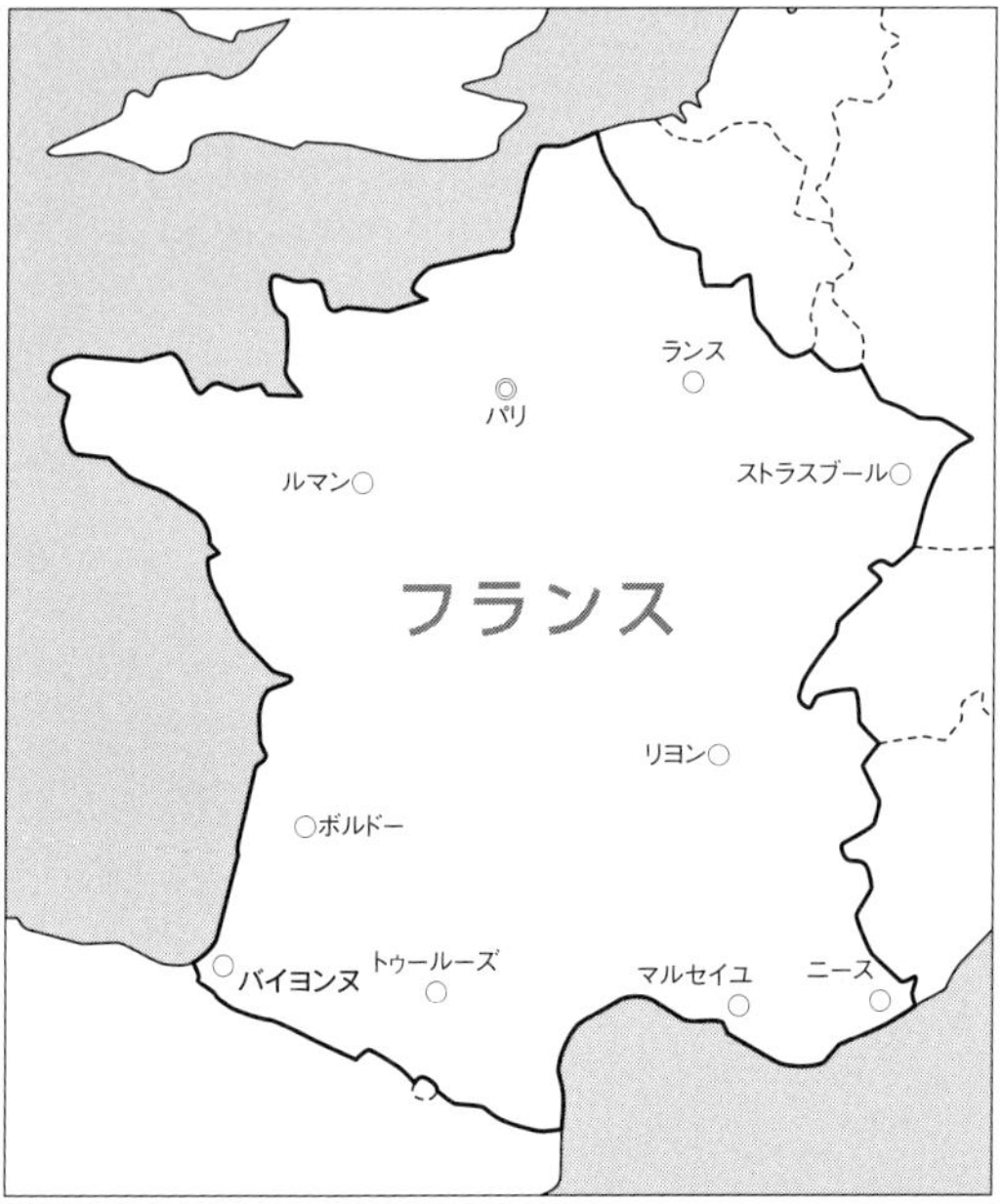

　バイヨンヌのもう一つの特徴は、古城がたくさん残されているということです。大きなものから小さなものまで、実に多くの古城がかつての姿のままに残されています。しかもその多くは、リフォームされてホテルなどの宿泊施設として使われているのです。

何度目かにバイヨンヌを訪れたとき、「みのさんも、せっかくですから一度古城に泊まってみてはいかがですか」といわれました。もちろん好奇心旺盛な私ですから、それでは小さめの古城を予約してほしいといいました。そして案内されたのが、小さいながらも歴史を感じさせる素敵な古城でした。部屋の中はエレガントな設えで、バロック様式の装飾が施《ほどこ》されています。クラシックな家具もすばらしい。これはいい宿を紹介してもらったと喜んでいたのですが、夜になると状況が一転しました。なんとその日、その古城に宿泊しているのは私一人だったのです。ホテルのスタッフも帰り、たった一人で夜の古城に取り残されてしまいました。

昼間はクラシックで素敵だと思えた扉も、開け閉めするたびにギシギシという音がします。シーンとした城の中では、小さな物音にもびっくりします。恥ずかしい話ですが、怖くて眠れない一夜を過ごすはめになりました。まあ、たしかに貴重な経験ではありましたが。

さて、フランスといえば、いわずと知れたルーヴル美術館です。このルーヴル美術館には三十八万点以上の美術品が収蔵されています。そのうち常時三万五千点ほどが展示されており、作品は定期的に入れ替えられます。つまり何度足を運ぼうが、おそらく死ぬまでにすべての作品を観ることはできないでしょう。

私が初めてルーヴル美術館を訪れたとき、たいへん驚いたことがあります。それは、すべての展示品を間近に観ることができることでした。ルーヴル美術館の中で、唯一作品に近づけないように柵が設けられているのは「モナリザ」だけ。あとのすべての作品はまさに目を近づけて鑑賞することができます。日本の美術館では、有名な作品の前にはすべて柵が設けられ、警備員が常駐していることもあります。これでは芸術鑑賞に水を差されます。

ルーヴル美術館の中では、子どもたちの姿をよく見かけます。私が行ったときにも、小学生の子どもたちが教師に引率されて作品を鑑賞していました。小さなころから「本物」を見せる。これが何よりの芸術教育です。理屈や頭で作品を眺めるのではなく、感性で作品と向き合う。こういう環境の中から、きっと芸術的なセンスが育っていくのだと思います。芸術のみならず、本物に触れることの大切さはどんな分野にも共通することです。

ヘレニズム期（前200〜前190年ごろ）の大理石彫刻「サモトラケのニケ」（ルーヴル美術館）

絵画や彫刻と並ぶ芸術文化の聖地がオペラ座です。劇場の天井はマルク・シャガールの絵画で飾られています。この天井画をぜひ観てみたいと思い、私は家内と一緒にオペラ座を訪れました。鑑賞したのは『セビリアの理髪師』という作品です。もちろん字幕が読めませんから作品の内容の理解は難しかったのですが、それでも十分に楽しむことができました。

オペラ座そのものが芸術作品のようなものですから、建物の外観や内部の美しさにも魅了されたものです。ただし、椅子は木でつくられており、座席のスペースはかなり狭いのです。小柄な日本人でも狭く感じるのですから、大柄な欧米人は苦労するでしょう。そしていま一つ困ったことがありました。それは劇場内部に充満する香水の香りです。

ご承知のように、ヨーロッパには香水文化が根づいています。とくにフランスでは香水の香りはその人の個性であると見なされます。自分だけの香りを見つけること。香水によって自己表現をすること。それが文化として根づいているのです。いまでは日本の女性でも香水をつける人が増えましたが、それでもフランスのような強烈な香りではありません。あの香りに日本人が慣れるには、相当な時間がかかると思います。

パリでもっとも高い丘（百三十メートル）にあるモンマルトルはピカソ、モディリアーニ、マチス、ロートレック等、名を成した画伯たちが制作活動をした場所であり、いまはこれから世に出ていこうとする未来の画伯たちの姿が垣間見える素敵な一画です。

フランスで訪れた場所や経験したことなどを書けばとても紙幅が足りませんので、この辺でやめておきますが、やはり一度は訪れてほしい国の一つです。フランスを訪れるには季節を選びません。夏の避暑地に行くのもすばらしいでしょうが、冬の時期もまたよいものです。ツアーの料金も格安というメリットもあります。冬ですから、あちこちに観光に行くことはできないかもしれませんが、毎日ルーヴル美術館に通うという手もあります。一日中ルーヴル美術館で過ごし、夕食はホテル近くのレストランで食べる。そんな一週間を過ごしてみることで、きっと心は豊かになると思います。ルーヴル美術館にはそれだけの魅力と価値があるのです。

スイスの町に学ぶ地球環境保護

国土の大半をアルプスの山岳地帯が占めるスイス。九州よりやや小さな国でありながら、その美しさに惹《ひ》かれて世界中から多くの観光客が訪れます。なかでもまるで絵画のような美しい風景と街並みを誇るのがツェルマット。アルプス山脈の標高四千四百七十八メートルのマッターホルンを望む小さな町です。

人口わずか六千人ほどの町に、年間百七十万人にも及ぶ観光客が訪れるといいます。どうしてこの小さな町が、世界中の人々を魅了するのでしょうか。もちろんアルプスの風景は格別なものですが、それに加えてこの町にはある魅力が存在しています。スイス国内にも美しい町はたくさんありますが、ツェルマットには他の地にはない透明な空気感があるのです。

私も初めてこの町を訪れたとき、町中を包む空気が明らかに美しいことを体中で感じたもの

スイスのツェルマット近郊にて、ソニーの仲間たちと（後列左が筆者）

です。それは単に「空気が美味しい」というレベルではありません。呼吸をするたびに体中が洗われるような感覚に満たされたものです。

その空気を生み出している要因はツェルマットの取り組みにありました。チューリッヒ空港から電車に乗って四時間ほど。車でやってくる観光客も大勢います。私も車でこの町まで来たのですが、町の入口にあたる場所で車を降りなくてはなりません。町の中に車を乗り入れることが禁止されているからです。

町中での移動手段は電気自動車か馬車だけです。自動車で町にやってきた人は、入口で車を駐車場に預け、電気自動車を借りるか、電動バスに乗るか、あるいは馬車を使うしか移動手段がありません。たしかにスピードという面では遅くなりますが、そんなことはこの町ではまったく気になりませんでした。

サスティナブル・リゾート。これがツェルマットの目指すものです。大勢の観光客に来てもらいたい。しかし、それによって環境破壊が起きてはならない。観光と環境保護の両立こそがサスティナブル・リゾートだと考えているのです。

そしてこの町の基本精神には地産地消が根づいています。ホテルで使われる食材はもちろんのこと、できるかぎり地元で循環するシステムが確立されています。余計なゴミを出さないという意味では、飲料水に使われる瓶はすべて再利用されます。ペットボトルを使い捨てにするのではなく、頑丈な瓶を何度も使用するのです。

何より驚いたのが、町中を走る公共交通機関バスの電気自動車のすべてがツェルマットで生産されていることでした。これはすばらしいアイデアだと思いました。考えてみれば、電気自動車というのは、部品さえ調達できれば、大きなプラモデルを組み立てるようなものです。ガソリン車のような複雑な構造ではありませんから、熟練した技術や大規模な工場は要りません。町の住民の仕事にもなるわけです。

したがって、ツェルマットを走る電気自動車の形はどれも同じです。何の変哲もない四角い箱みたいなものです。デザインにお金をかけなければ、とても安価に車を生産することができます。町中を走る車のすべてが町の人々によって生産される。これによって環境と雇用の両方が守られているのです。

町を歩いていて気づいたことがありました。道に面した家の窓に美しい花々が飾られていたのです。それは強制されてやっていることではないそうです。ここに暮らす人々が、少しでも町を美しくしようと思い、出窓を花壇にしているのです。自分たちの町は自分たちで守る。この精神こそが環境保護の原点なのだと私はつくづく納得しました。

ツェルマットのような町が日本でも生まれないでしょうか。それはけっして不可能なことではないと思います。たとえば、有名な観光地である箱根町の人口は約一万人です。ツェルマットの二倍近い人口ですが、住民全員が同じ精神をもてば、ツェルマットのような街づくりをすることは十分に可能でしょう。そういう意識が日本中に広がっていくことで、美しい日本の風景は守られるはずと私は考えています。

誇り高き国・イギリス

日本人にとって馴染《なじ》み深い国の一つであるイギリス。馴染み深いと思いつつ、実はあまりイギリスのことを知らない人も多いかと思います。まずはその呼び名ですが、「イギリス」という呼び方をするのは日本だけだそうです。正式には「ＧＢ（グレート・ブリテン）」です。そしてＧＢの中には四つの地域があります。ウェールズ、スコットランド、イングランド、北アイルランドの四つです。それぞれが独自の歴史と文化をもち、同じGBでありながら独立した誇りをもっています。実際にサッカーやラグビーのワールドカップには、この四つの地域がそれぞれに出場権を有しているのです。まずはこれくらいの知識は日本人ならばもっていたほうがよいと思います。

ソニーの大きなテレビ工場がウェールズにあり、しばしばダイアナ妃も視察に来られました。ロンドン近郊のウェイブリッジにも半導体の設計拠点がありました。その関係で私もイギリスにはたびたび行きました。実はこのウェールズという場所は、日本にとって縁が深いところなのです。

かつてウェールズ地方は、世界最大の石炭輸出地域でした。ここで採掘された石炭はとても上質で、世界のエネルギーを支えていたのです。ウェールズの石炭によって、我が国は日露戦争で勝利を収めることができたといわれています。日露戦争勃発の二年前に締結されたのが日英同盟です。この同盟は非常に強固なもので、両国は確固たる信頼関係を築きました。日露戦争の勝敗を分けたといわれる日本海海戦で活躍した東郷平八郎司令長官率いる連合艦隊には一万トンもの石炭が使われたそうですが、その石炭はウェールズから供給されたものでした。もしもウェールズから良質な石炭が届かなければ、日露戦争の行方は変わっていたかもしれません。

一九五〇年に公開されたハリウッド映画『わが谷は緑なりき』は、ウェールズ地方が舞台の名作です。監督はジョン・フォード、主役はアイルランド出身の名女優モーリン・オハラ。十九世紀末の炭鉱町の世相をみごとに描き、評判を呼びました。

私はイギリスに行くと、必ず一度はパブに行きます。イギリスのパブ文化は有名です。正式には「パブリック・ハウス」と呼ばれており、お酒を提供する場所ではありますが、日本の居酒屋とは少し違います。イギリスのビジネスパーソンは、仕事を終えたあと仲間と連れ立って飲みに行くことはあまりしないそうです。会社の帰りに一人でパブに寄り、軽くビールやスコッチウイスキーを飲んで帰路に就く。つまみを食べることはなく、少しの時間を過ごすだけです。家族のもとへ帰るまでに、今日の仕事のことはきれいに忘れよう。そんなちょっとした気分転換の場として使われているようです。

1950年公開の映画『わが谷は緑なりき』のＤＶＤ

私もパブに入って、一杯のお酒を飲みます。そこで隣同士になったイギリス人と一言二言の会話を楽しむ。ビジネスの話をするわけでもなく、新しい人間関係をつくるわけでもない。ただパブでちょっとした会話を楽しむ。これは日本にはない文化であり、心地よい時間でもあるのです。

日本人が意外と知らない一面としては、イギリスには厳然とした身分制度が残っていることです。イギリス王室がよく取り上げられますが、イギリスにおける身分制度は大きく三つに分けられています。上流階級、中流階級、そして労働者階級の三つです。この身分は生まれたときから決まっており、女王陛下から勲章でももらわないかぎり、上の階級に上がることはできません。たとえ商売が成功して巨万の富を手にしたとしても、労働者階級から上流階級に上がることはできないのです。

イギリスは紅茶の文化が有名ですが、この文化は上流階級から生まれたものです。たとえば「アフタヌーンティー」と呼ばれる習慣があります。紅茶とともに軽食やお菓子を楽しむ伝統的な習慣ですが、もともとは上流階級の社交の一つです。ただ紅茶を飲むだけでなく、服装や作法も厳密に決められていたようです。

イギリスという国を理解するうえでも、アフタヌーンティーを学んでみてはいかがでしょう。私たちにとって馴染みの深いイギリスですが、イギリスの文化を知り、彼らのもつ誇りを理解しておくことが大切なのです。

イタリアの食文化に降参する

いわずと知れた美食とワインの国がイタリアです。歴史ある街のレストランで食べるパスタの味は格別なものです。

イタリアの歴史ある街の一つがミラノです。ミラノから一時間半ほど車を走らせたところにロベレートという小さな田舎町があります。ここにソニーの工場があり、私が工場の統括を任されていました。工場が稼働してから十年を迎えたため、十周年パーティーを開催することになりました。

ロベレートの町にとってソニーの工場は非常に重要な拠点です。パーティーには町長をはじめ、町のお偉いさんたちが顔を揃えました。もちろん最高責任者である私が欠席するわけにはいきません。「とにかく一次会だけでも来てください」と現地の社員にいわれ、パーティーに参加することになったのです。

さて、パーティーが始まるのは午後六時からです。ところが、会場ではその一時間も前から大勢の人が集まってワインを楽しんでいました。お酒を飲みながらパーティーの開始を待つのがイタリアでは一般的なスタイルなのです。余談ですが、それに倣《なら》って、私の出版記念パーティーのときも、開始前から会場を開けて、それぞれがお酒を楽しめるようにしています。この時間もまた参加者にとって楽しい時間となっているようです。

いよいよパーティーが始まりました。大きな会場にたくさんのテーブルが並んでいます。私は主賓用のテーブルに座るのですが、そのテーブルには私のほかに日本人はいません。日本人のスタッフは圧倒的に少ないので、テーブルに一人ずつになってしまうのです。イタリアでも都市部であれば英語が通じるのですが、そこではまるで英語が通じません。隣に座った町長も、初めのうちは私に話しかけてくれましたが、イタリア語が通じないので、やがて私は放っておかれることになりました。

イタリア語でこんにちは（Buon giorno. ボンジョルノ）、乾杯（Cin cin. チンチン）、ありがとう（Grazie グラッツィエ）ぐらいしかいえない悲しさ。いまなら翻訳機の「ポケトーク」という強い味方がありますので、もっと楽しめたかもしれません。

まあそれは仕方がないとしても、とにかく料理が出されるスピードがゆっくりなのです。およそ一時間に一皿というペースで食事が運ばれてくる。私はお腹がすいていたので、出された料理はすぐに食べてしまう。それから次の料理が運ばれてくるまで一時間も待たなくてはなりません。とにかく食事には時間をかけるのがイタリアの文化なのです。

そして最後のデザートが運ばれてきたのが夜の十二時でした。なんと一次会に六時間もかかったのです。さすがに私はこの時点でホテルに戻りましたが、翌朝二次会までつきあった部下に「終わったのは何時だった？」と聞くと、「昨夜はいつもより早く解散になりました。三時過ぎにはお開きになりましたよ」と涼しい顔でいいます。いつもはいったい何時まで飲んでいるのでしょうか。出された料理はどれも美味しかったのですが、さすがにあのパーティーは疲れました。

翌日、ソニーイタリアの社員と食堂で昼食を摂《と》ることになりました。イタリアではランチミーティングの習慣があり、昼食を摂りながらビジネスの話を進めるのです。もちろんワインを飲みながらです。このランチミーティングでは、ソニーイタリアお抱えのシェフが料理をつくります。

これはイタリアでは当たり前のことで、ちょっとした企業であればどこも専属のシェフを抱えています。一流のシェフを抱えることが企業としてのステータスになるからです。私はいろいろな国でパスタ料理を食べてきましたが、このイタリアのランチミーティングで食べたパスタはこれまでにないほどの美味でした。さすが本場だとうなったものです。

食文化とは、食材や調理の仕方だけではありません。どのようなシチュエーションで食事を楽しむか。どのような空間で食事を味わうか。場所や時間なども含めて、すべてをひっくるめて食文化といえます。ただ単にその国の名物を知るのではなく、その名物が生まれた背景も理解しなければなりません。その意味で「食文化」を理解することは、その国を知るための重要な要素になるのです。

お洒落な店が軒を連ねるミラノのブレラ地区は、イタリアでも有名なブランド街で知られています。おそらく欧米の有名なブランドはほとんど揃っているでしょう。私も案内してもらいましたが、このお洒落なブランド街でイタリアの洗礼を受けることになりました。イタリアの洗礼とはスリです。

私たちがぶらぶら歩いていると、前から歩いてきた少年たちが私の靴にケチャップをかけたのです。もちろん誤ってかけたふりをして、しきりに謝ります。何やら謝りながら、屈《かが》んで私の靴を拭き始めたのです。私もそれにつられて前屈みになり、ケチャップを拭おうとしました。ケチャップを拭き取り、その少年は再び丁寧に私に謝って去っていきました。それからしばらくして、私はズボンのお尻のポケットに入れていた財布がなくなっていることに気づいたのです。きっと私が前屈みになったとき、もう一人の仲間が抜き取ったのでしょう。幸い財布には小銭しか入ってなかったので、大した被害ではありませんでした。

まあスリはどの国でもいますが、イタリアではコソ泥が横行しているようです。たとえば、食事中に駐車場所に停めた車からタイヤだけ盗まれることもあるそうです。車そのものを盗むより手間がかかりそうですが、彼らは車を盗むことなく、高価なタイヤだけを盗んでいく。まったく面白い国です。

アメリカ合衆国の魅力は尽きず

先にも述べましたが、盛田昭夫さんによってソニーの世界展開の足掛かりとなったのがアメリカです。世界経済の中心地であり、さまざまな民族と価値観が混じり合った国。私も数えきれないほど足を運びました。

私が初めてアメリカの地を踏んだのは一九七九年、三十五歳のとき。「ベータ・マックス」の開発者でもある河野文男専務に連れられ、サンフランシスコを訪れました。一八四六年ごろのサンフランシスコは、人口がわずか二百人ほどの開拓地でした。それが一八五二年には三万六千人の新興都市に成長します。そして一八五〇年にはアメリカ合衆国三十一番目の州としてカリフォルニア州となります。

サンフランシスコを発展させたのは、有名なゴールドラッシュです。一八四八年、カリフォルニアで金鉱が見つかります。その噂を聞きつけ、その後全米から一攫《いっかく》千金を狙ってたくさんの人が押し寄せました。

当時の労働者の平均賃金は一日一ドル。しかし、金を掘れば、一日で二十五ドルもお金を稼ぐことができたそうです。多くの人々が夢を抱いてやってきたのは当然です。

さて、このゴールドラッシュから学ぶことがあります。それは経済の基本となる需要と供給の関係です。経済は需要と供給のバランスによって成り立っています。この現実をまざまざと見せつけられたのです。

カリフォルニアにやってきて金を発掘し、大勢の人々がお金を手に入れました。その結果、大金持ちがたくさん生まれたはずと思われるでしょうが、実はゴールドラッシュで大金を手にしたのは、金を発掘した人ではなく、発掘する人を商売のタネにした人でした。

たとえば、サム・ブラナンという商人がいました。彼はゴールドラッシュの噂を聞きつけるや否やカリフォルニアに向かいます。しかし、彼は金を掘るために向かったのではありません。彼は西海岸にあるすべてのシャベルと斧を買い占め、それを現地で売りさばいたのです。もちろんシャベルがなければ金は掘れません。ここにやってきた人はみなブラナンからシャベルと斧を買いました。それも街中で買うよりも数倍高い値段で。それがなければ金は掘れないのですから、買うしかありません。ブラナンはたちまち莫大な資産を手に入れます。

ほかにも、宿泊施設やレストランをつくった人もいます。何もない町に次々と商いが生まれていきました。需要があるのですからモノの値段は上がる一方です。グラス一杯の水が十ドルで飛ぶように売れたそうです。

さらに、カリフォルニアからアメリカを代表する服が生まれます。それがジーンズです。金を発掘するために丈夫な作業着としてつくられたのがキャンバス生地のズボンやジャケットで、これを考案したのがリーバイ・ストラウスという人物です。そうです、あの有名な「リーバイス」の創業者なのです。

ゴールドラッシュのことはある程度知っていましたが。実際にカリフォルニアに行くにあたり、さまざまな文献を読んで勉強しました。そこでわかったことが、経済活動とは需要と供給のバランスによって成り立っているという事実でした。当たり前のことですが、ゴールドラッシュでの出来事は、私に経済の原点を理解させてくれました。

一九七九年のアメリカ出張を懐かしんでいると、あることに気がつきました。当時、ニューヨークなどでは分煙は当たり前でした。もちろん煙草は販売されていますが、日本と比べると値段が数倍しました。すでに禁煙の方向に舵《かじ》を切っていたわけです。

いまでは日本も「働き方改革」などと騒いでいますが、アメリカでは三十年も前から定時退社が促進されていました。夕方の五時になると守衛さんが社内の電源を落とします。仕事の途中であろうがお構いなし。守衛さんに文句をいう社員は誰もいません。なぜなら、五時に電源を切って社員を帰宅させることが守衛さんが請け負った仕事であることをみんな知っていたからです。また消費税の導入も早くから行われていました。そういう社会システムやビジネスシステムを見ても、やはり日本はアメリカより遅れているといわざるをえないでしょう。すべてのものを取り入れる必要はありませんが、やはり学ぶべきは積極的に学ぶことです。

また、アメリカという国は、投資家をとても大事にします。具体的にいえば、自分の住む街

アラバマ州に設立したソニー・ドーサン工場のスタッフと

にある企業が進出してきたとしましょう。企業が進出してくるということは、すなわち自分の街に投資をしてくれるということです。しかも企業が来ることで街に雇用が生み出されます。街中の商売にもよい影響を及ぼすことは間違いありません。

ところが日本では、まだまだ外国資本の企業が進出することに消極的な面があります。日本国内の企業なら大歓迎だが、外国資本の企業が自分の街に来るのは嫌だと。こんな考え方をしていたら、とてもグローバル化の流れにはついていけません。やがて取り残されてしまいます。資本が日本であってもアメリカであってもフランスであっても同じです。ドメスティックな発想から抜け出さなくてはならないということもまた、アメリカで考えたことです。

ドーサン市から贈られた友好の鍵

ソニーはアラバマ州のドーサン市にテープ工場を設立しましたが、私が統括責任者として工場に行ったとき、現地で大歓迎を受けました。しかも、友好を表現したドーサン市の鍵を贈呈され感動しました。

カリフォルニア州にチェラビスタという市があります。私が住む小田原市と同様に、海岸に面し、気候が温暖なこと、柑橘類を栽培していることなど類似している点が多いことから、一九八一年に小田原市と姉妹都市になりました。

私の娘が筑波大学の学生だったとき、交換留学生としてチェラビスタ市でホームステイをしました。留学から帰ってきたとき、私は娘に印象に残っていることは何かと聞きました。すると娘はこういいました。

「アメリカって、親子の関係はとてもクールなの。その代わり、夫婦の関係はとてもホット。子どもは子ども同士。親は夫と妻という関係をいちばん大切にしている。日本では子どもが生まれるといきなり『お母さん』になってしまうけれど、向こうはいつまでも『妻』として扱っている。なんとなくいいよね」

アメリカでは、親は子どもに対して人格をもった一人の個人として、その存在を客観的に認め、自分と対等に扱おうとする姿勢があり、子どもを所有物化することなく、自分と子どものあいだに一線を引いています。親の子どもに対する責任は、できるだけ早く自立させ、社会に貢献するよりよい社会人を育てることであるという考えが主流です。その根底には、キリスト教やアメリカの建国精神が影響しているのでしょう。いつまでも子離れ・親離れができない日本人とは対照的であり、見習わなくてはいけないかもしれません。

さて、サンディエゴにあるソニー工場を訪れたとき、私を出迎えてくれたのが引地辰男さんでした。自宅に招待してくれたのですが、なんと引地さんの自宅はゴルフコースの中にありました。アメリカでは時折、このような住宅が売り出されるとのこと。ゴルフ場の中に家が点在している。ときどき下手なゴルファーのボールが飛んでくることもあるそうですが、もちろん住民はゴルフし放題。ゴルフ好きの私としては夢のような環境です。アフターゴルフでは新鮮なネタの寿司「オオタ」や居酒屋「ＵＴＡＧＥ」での仲間との語らいもすばらしいひとときでした。

また、ニューヨーク・ダウンタウンのストリートミュージュックも忘れられない思い出です。チップを五ドル渡してお願いした黒人演奏家たちのトランペットとトロンボーンでのジャズ生演奏には感動したものです。それまでジャズにはあまり興味がなかったのですが、黒人の哀歌を初めて間近で聞いて、胸が熱くなりました。経済を学んだり、ゴルフを楽しんだり、ジャズに魅せられたり……ほんとうにアメリカ合衆国というところは飽きることがありません。いろいろな意味において世界一の国家であることを改めて認識させられます。

中国に学ぶ歴史観

いまから二十数年前、私は中国の西安を訪れました。当時の私はソニーで半導体の責任者をしていました。その私がどうして西安に行ったのか。目的は優秀な技術者を探して育成することでした。

西安とは「西の都」を意味します。古称は長安といい、シルクロードの起点ともいわれました。紀元前に中国史上初めて全土を統一した秦《しん》の始皇帝《しこうてい》が活躍した土地で、その権力の一端が一九七四年に発見されました。それが「秦始皇帝陵及び兵馬俑坑《へいばようこう》」であり、八千体以上の俑が確認されましたが、どれ一つとして同じ顔をしたものはありません。指揮官・騎兵・歩兵と異なる階級や役割を反映させた造形はみごとです。最近では宮殿のレプリカや文官や芸人等の俑も発掘され、生前の始皇帝の生活そのものを来世にもっていこうとしたのだろうと考えられています。また、過去に宇宙に飛んだ飛行士の一人が、「地球上の建造物で認識できるものは秦の始皇帝が建造した総延長六千二百キロメートル以上の万里の長城のみ」といった言葉と併せて考えると、とてつもない巨大な権力者だったといえます。

さて、唐の時代に世界トップの国際都市となった長安に、日本は遣唐使を派遣して文化的交流が盛んになります。長安の都は平城京や平安京のモデルになったといわれています。八〇四年に遣唐使として中国に渡った空海（弘法大師）も、長安の青龍寺で学んだ後、真言宗の開祖となり、日本の仏教に多大な影響を与えました。

日本人なら社会科や歴史の授業で誰もが学んだ遣唐使ですが、おさらいをしますと、遣隋使を引き継ぐかたちで六三〇年に第一回遣唐使が派遣され、その後二百余年のあいだ、日本の時代でいうと飛鳥～奈良～平安時代に数年から数十年間隔で十五～二十回ぐらい派遣されました。

当時の長安には百万人以上の人々が暮らしており、世界最大の都市でした。唐は世界をリードする文明国家として強大な力をもっていましたから、日本だけでなく朝鮮半島の国々も頻繁に朝貢《ちょうこう》を行っていました。

遣唐使の一行は、日本から小さな船（長さ三十メートル、幅八メートルほど）で海を渡り、さ

平城宮跡歴史公園の一角に復元された遣唐使船

らに陸路を数千キロメートル以上歩いて長安に向かいました。まさに命がけの旅で、その主目的は朝貢でしたが、それ以外にも、交易をはじめ、世界情勢を知るための情報収集、政治制度や儀式から医療・天文学まで、あらゆる文明の習得に努めたほか、仏教を学びながら経典を収集するのも大きな目的でした。

日本が朝貢したものは、銀大五百両、黄糸《こうし》五百絇《けん》、美濃絁《みののあしぎぬ》二百疋《ひき》、細屯綿《さいとんめん》千屯等で、繊維や織物が多かったようです。逆に遣唐使が持ち帰ったものは、各種作物（スイカ・白菜・ピーマン）、笙《しょう》等の楽器、サイコロ・双六《すごろく》などの遊具、拳法、貨幣、胡椒《こしょう》・シナモン等のスパイス、醤油《しょうゆ》等の発酵食品技術、占い・天文学・暦法・経典等の書物など多岐にわたりました。

ゆく秋の大和の国の薬師寺の塔の上なる一ひらの雲（佐佐木信綱）

長安の都に倣ってつくられたのが奈良の平城京ですが、なかでも薬師寺の東塔は千三百年前の創建当時から現存する平城京最古の建造物で国宝に指定されています。昨年（二〇二〇年）の秋に約十年の修理を終えて優美な姿を現した東塔を拝見し、改めて本尊の薬師如来の台座に注目したものです。遣唐使がシルクロードの交流を通じた影響を受け、框《かまち》と呼ばれる枠の上部にはギリシャ葡萄《ぶどう》唐草文様、下部にはペルシャの蓮華《れんげ》文様・インドの鬼神・中国の青龍や白虎等が描かれていたのです。

西安にはいまでも優秀な教育機関がたくさんあります。なかでも西安交通大学や西安電子科学技術大学には理系の優秀な学生が集まっています。

私が西安を訪れたころは、中国は科学技術分野において世界から後《おく》れを取っていました。当時の科学技術を牽引していたのは欧米と日本です。しかし、いずれ中国は力をつけてくる。人口は日本の十倍ですから、高等教育に力を入れ始めれば、優秀な人材はいくらでも輩出されるはず。ならば早めに優秀な人材を確保して育てていきたい。それが当時の私の目的でした。その後、中国各地にソニーの設計拠点が設置され、中国との交流が始まっていったのです。

中国は教育にたいへん力を入れています。漠然と力を入れるのではなく、いかにして優秀な人材を生み出すかを常に考えている。小手先の学力を高めるのではなく、将来を見据えながら人材を育てるという考え方が根づいています。おそらくそれは「科挙」の制度からの伝統ではないかと私は考えています。

ご存じのように、中国には「科挙」という制度がありました。一言でいえば国を支える優秀な官僚を育てる制度で、五九八年から一九〇五年まで、千三百年にもわたって行われた官僚登用試験です。「科挙」の試験は難しく、合格すれば将来は保証されたようなものなので、とくに貧しい家庭では子どもに夢を託して挑戦させたといいます。

こうして生み出されたエリートたちは歴史的にも多大なる貢献をしました。世界三大発明とされる「火薬」「活版印刷術」「羅針盤」は中国から生まれたものです。つまり世界史の中で、人類に貢献する技術をリードしてきたのはまさに中国でした。そしてその原動力の一つが「科挙」制度だったのです。

現在という点で見るのではなく、未来を見据えながら教育を施す。単に多くの知識を暗記するのではなく、それらの知識をいかに深めていくか。莫大な知識をどのように活かしていくか。そこに重点を置いた教育こそが日本にも求められるのではないかと私は考えています。

とくに科学技術は日々進歩を続けています。先月までは最先端だったＩＴ技術も、来月には過去のものになる。それほどスピードが速い社会において、これまでの教育では対応できないことも出てくる。その意味でも教育制度そのものを見直す時期にきているのかもしれません。

そこで、中国という国を改めて見てみましょう。世界四大文明とは「メソポタミア文明」「エジプト文明」「インダス文明」そして「中国文明」であることはいうまでもありません。気が遠くなるような長い時間の中で中国という国は熟成されてきました。

現在は、アメリカと中国が政治的に対立しています。それぞれが自国の主張を通そうと頑《かたく》なになっているようです。この両国を眺めていて、私はふと思いました。

中国はいまから二千二百年も前に秦の始皇帝が国家を統一しました。紀元前の話です。一方のアメリカ合衆国は、国家として独立したのが一七七六年のことで、たかだか二百五十年ほどの歴史しかありません。もちろん歴史が古ければよいというものではありませんが、はたしてこの両国が真の意味で理解し合えるのでしょうか。表面的なことでは理解し合えるかもしれませんが、歴史認識という意味ではまったく違う価値観をもっています。その圧倒的な歴史認識の違いを埋めることは相当難しいでしょう。だからこそ、互いに真摯《しんし》に向き合って、相手の価値観を理解することに努めるべきなのです。

たとえば、私が西安に行った二十数年前、中国はまだ後進国のような扱いでした。日本も巨額のODAを援助していました。当時、多くの先進国は「中国という国は、まだまだ一流国ではない」と考えていたはずです。

はたしてそうでしょうか。長い世界史の中で、中国は常に先頭を走っていた。世界を引っ張る存在でした。ところが、アヘン戦争（一八四〇〜四二年）や日清戦争（一八九四〜九五年）で敗北したことにより、中国の国力は一気に低下します。先進国から後れを取るのはそのころからです。

しかし考えてみれば、日清戦争はたかだか百年ちょっと前です。長い歴史から見れば、百年など一瞬のもの。つまり中国が世界から後れを取っていた時期など、ほんの少しのあいだということもできるのです。百年という時間をどのように捉えるか。それはそれぞれの国の歴史観によって変わってきます。そしてその歴史観は他国からあれこれ指摘されるようなものではありません。グローバル化とは、世界中の国家の価値観を無理やり統一させるということではなく、互いの国家観を認め合っていくことであると私は考えています。

中国には何度も足を運びましたが、私のお気に入りはなんといっても上海です。とくに「上海租界」と呼ばれる場所が好きです。ここは、一八四二年の南京条約によって上海が開港されて始まりました。上海には多くの外国人居留地があり、世界中からビジネスパーソンが集まってきた。首都の北京などとは趣を異にして、とても自由で開放的な都市なのです。

上海租界にあったのが有名な「アスター・ハウス・ホテル」です。一八四六年に開業し、中国でいちばん早くガス・電灯・水道・エレベーターを導入したホテルで、世界中の人々から愛されました。物理学者のアインシュタインや喜劇役者のチャップリン、アメリカ第十八代大統

中国のスタッフに誕生日を祝ってもらう

領ユリシーズ・S・グラント（南北戦争の英雄）も投宿しています。私もグラント大統領が宿泊した部屋に何度か泊まりましたが、歴史を感じさせる外観もすばらしく、またホテルの食事も美味でした。とくに上海蟹のシーズンなどは最高でしたが、数年前に閉店したようです。

このホテルに泊まったときにふと感じたことがあります。中国人のスタッフが出迎えてくれるのですが、彼らが話す英語がとても聞き取りやすいのです。まるでネイティブかと思わせるような美しい発音です。そういえば、ソニーが現地採用した中国人たちもまた美しい英語を話します。どうして中国人は英語の発音が上手なのでしょうか。

その秘訣は、母音の種類にあるそうです。たとえば、日本語の母音は五つです。「あ・い・

う・え・お」の五種類しかありません。ところが、英語の母音は十五種類（諸説有り）、中国語の母音は三十六種類もあるといいます。子音の数を比較しても、日本語は十三、英語は二十四、中国語は二十一と圧倒的な差があります。こうした発音の種類の豊かさにより、中国人は簡単に英語の発音を覚えることができるというわけです。

たとえば、「L」と「R」の発音の違いは日本人には難しいものですが、中国人にとっては難なく使い分けることができる。私が社外取締役をしているタムラ製作所の李国華役員がみごとな抑揚でマンダリン（北京語）を話すのを見て、私は惚れ惚れしたものです。もちろん日本語も流暢に話します。これはもう仕方がないと思うしかないですね。

余談ですが、私も若いころに友人の丸山隆三さんと富士の裾野で地獄の英会話特訓合宿に参加したことがあります。そのとき「L」と「R」の使い分けの難しさを痛感しました。授業の開始時に英会話の先生が「アーユー　レディ」と問いかけましたが、友人は「ノーアイアムジェントルマン」と答え、爆笑を買いました。私も他人事ではなく英会話に自信をなくしたものです。

番外編

ここまで私がソニー時代に関わってきたとくに思い出深い国々を紹介してきましたが、直接的に関わることがなかったとしても、日本人にとって大切にしたい国はたくさんあります。私たちはまだまだ世界のことを知らないままに過ごしているのです。

たとえば、ポーランドは世界一の親日国だといわれています。ポーランドの人々が日本を愛するようになったきっかけは、かの有名な「命のビザ」を発行した杉原《すぎはら》千畝《ちうね》氏です。ドイツから迫害されていたユダヤ人に個人の責任においてビザを発行し、六千人ものユダヤ人の命を救った人物です。

ポーランドを代表する作家ボレスワフ・プルス氏は次のような言葉を残しています。

「日本人の勇気、名誉、個人の尊厳、自己犠牲の精神、忠実性はポーランド人が模倣すべき気質である」

パキスタンやアフガニスタンで三十年間にわたって支援活動を続けた医師の中村哲《てつ》さんもまた、彼らの心から消えることはありません。近年、銃弾に倒れたことは残念でなりません。

二〇二〇年二月に、ドイツのハンブルクを訪れたとき、私たちを乗せたタクシーのドライバーがアフガニスタン人でした。「ミスター中村を知っていますか？」と尋ねると、大きく頷《うなず》いて彼はいいいました。

「もちろん、当たり前です。ドクター中村がしてくれたことを、アフガニスタンの人々は未来永劫忘れることはないでしょう」と、うっすらと涙を浮かべながら話してくれました。
歌手のさだまさしさんのエッセイで知ったのですが、さださんと中村医師は同郷で、中村さんの先祖は侠客であったそうです。弱い者や困っている人のことを放っておけない。中村さんの身体にはこの侠客の血が流れていたような気がします。先日アフガニスタン東部ナンガルハル州の緑化公園に中村さんの功績を称え記念塔が完成されたという新聞記事を読みました、心からご冥福をお祈り申し上げます。

カンボジアでNPO法人「国際地雷処理・地域復興支援の会」を立ち上げた高山良二さんは、自らの身を危険に晒しながらも、二十年にわたって現地で地雷除去活動を行っています。日常の報道ではなかなか伝えられませんが、いまこのときも世界中で誰かのために尽くそうとしている日本人はたくさんいます。私たちはそうした彼らの存在に目を向け、心から誇りに思うことが大切ではないでしょうか。

以前、韓国のサムスンの人たちと鹿児島にあるソニー国分工場で会合をしました。明日の予定を聞くと、「沈壽官《ちんじゅかん》氏のお墓参りに行きたい」といいます。沈壽官という人物は韓国で有名な陶芸家です。かつて豊臣秀吉の朝鮮出兵の際に多くの朝鮮人技術者が日本に連れて来られ、

薩摩焼宗家第14代沈壽官氏（2019年6月16日に逝去、92歳）

そのなかに初代・沈当吉（沈家の始祖）がいました。九州の地で薩摩焼をつくった人物です。十四代にあたる沈壽官氏は早稲田大学出身で、二〇〇〇年に早稲田大学芸術功労者として表彰されました。現在は十五代沈壽官氏が鹿児島県日置市で薩摩焼の創作活動を行っています。

歴史的な時間を考えれば、沈氏はすでに日本人といってもいいくらいです。もう十五代にもわたって日本で創作活動をしているのですから、まったくの日本人です。しかし、韓国の人たちは、いまだに自国の英雄を誇りとして最大の敬意を払おうとしています。

自分の国を想う気持ち。自国に誇りをもち、先祖に対する尊敬の念を忘れない。何よりも、自分が生まれ育った国の歴史をよく知ること。それぞれの国民が自身の国を愛することが、真のグローバル化の原点なのかもしれません。

第4章

企業を超えたプロジェクトの醍醐味

アナログ技術からデジタル技術へ

デジタル革命ともいうべき第一波は一九八〇年代から始まりました。「デジタルの時代」という言葉は飽きるほど耳にしてきたと思います。まさにこの波の真っただ中に私は身を置いていたのです。

では、アナログとデジタルでは何がどのように違うのか。また、デジタル化することが消費者にとって喜ばしいことなのか。おそらく世の中には賛否両論が渦巻いていたことと思います。とくに技術開発の分野とは関係のない業界にいれば、その意味はわかりにくいものだったでしょう。いったいデジタル化によって世の中がどのように変化するのか。この問いかけに答えたのが、一九九五年にソニーの社長に就任した出井伸之さんです。

「地球に隕石が落ちて、地球上でそれまで暮らしていた恐竜たちは絶滅します。アナログからデジタルに移り変わるということは、それくらいの大きな変化であることに気づかなければなりません」

第1章でも述べましたが、出井さんはこのようなメッセージを発信しました。このメッセージはソニーの社員だけに向けたものではなく、おそらく世界中の人々に向けて発信したのだと思います。デジタル化によって私たちの生活は劇的に変わります。生活様式が変化することは、すなわち人間の思考回路も変化を強いられることになる。ただ単に新しいデジタル製品を使うということでなく、発想自体も変えていかなくてはいけない。出井さんのメッセージはそう伝えていたのです。

技術者の視点からデジタル化を眺めてみると、アナログに比べ他社に真似されやすくなるので、より速いスピードが求められ、企業間の競争が激化し、新しい価値観でマーケットを開発しなければなりません。ソニーのビデオ製品についていうと、より「小型軽量化」と「高品質」そして「アクセス性」と「アプリ対応力」が求められるということです。これまでの製品を最小限に小型化し、かつこれまで以上に高品質のものをつくる。そのためにはこれまでの技術では限界があります。そこで新たな技術としてデジタル技術が求められるわけです。

高品質になることは消費者にとってよいことです。さらに小型軽量化することによって利便性は格段に向上する。私たちはそれを目指して開発を重ねました。

たとえば、ソニーは世界で初めて小型電子計算機を開発しました。それが一九六七年に発売された『ＳＯＢＡＸ』です。これは画期的な製品でした。

電卓で２プラス３の計算をするとしましょう。まずは「２」を押して、「プラス」を押す、次に「３」を押します。そして「イコール」のボタンを押すと「５」という数字が表示されます。当たり前のシステムですが、実はこのシステムを開発したのがソニーでした。これは未来のデジタル化を見通していたからこそ成功したシステムだったのです。

さらには小型軽量化です。ある日、井深さんが『SOBAX』の開発現場にやってきました。そのときの『SOBAX』は救急箱ほどの大きさがありました。さらには取っ手もついています。机の上に設置したまま使うことが前提だったのでしょう。それを見た井深さんは開発担当者にいいました。

「君、この計算機をポケットに入るくらいの大きさにできないかな」

この一言こそがソニーのデジタル化への挑戦でした。新たな計算システムを構築するだけでもたいへんなことなのに、それに加えてポケットに入るまで小型化することを考える経営者はどこにもいなかったと思います。

小型化するためには、これまでの部品を組み立てていては無理です。しかし、どこを探しても的確な部品が見当たらない。世界中の部品メーカーに問い合わせても、そんなものなどありません。ならばどうするか。世界のどこにもないのなら自分たちの力でつくればいい。当時としては小型化に必須な面実装タイプのコンデンサ・抵抗・フリップチップ方式のダイオード・トランジスタ等の部品はほとんどありませんでしたので、部品もソニーで内製化したのです。

これこそがソニーのDNAともいえるのです。

『SOBAX』は残念ながら販売面では失敗に終わってしまいました。それでもその高い技術と斬新さが評価され、スミソニアン博物館の殿堂入りを果たすことになります。ちなみにスミソニアン博物館とは、スミソニアン学術協会が運営するアメリカにある十九の博物館並びに研究センターの施設群であり、国立航空宇宙博物館、国立アメリカ歴史博物館、国立アメリカ・インディアン博物館など多彩な博物館が含まれています。世界的にインパクトを与えたライト兄弟のライトフライヤー号の飛行機、アポロ十一号が月から持ち帰った石などが展示されていますが、ソニーの『ウォークマン』なども展示されています。

『ウォークマン』から『ｉＰｏｄ』へ

さて、ソニーにかぎらず、デジタル化の波は世界中を席巻することになります。たとえば、いまでは当たり前になったデジタルカメラですが、世界で初めて開発したのがアメリカのイーストマン・コダック社でした。コダックのフィルムは有名で、誰もが知っていることと思います。デジタルカメラがない時代、コダックのフィルムを自慢のカメラに入れて旅行に行ったことを思い出します。

ソニーでもデジタルカメラの開発は進めており、一九八一年には『マビカシステム』を発表します。これはＣＣＤで捉えた画像データを二インチの小型フロッピーディスクに記録し放送局に伝送するものです。『マビカシステム』の登場は業界に「マビカショック」を与えるほど鮮烈なものでした。なぜならば、このシステムの登場により、これまでのフィルムは不要になったからです。フィルムの要らないカメラの時代がやってくる。それはフィルムメーカーにとっては衝撃的なことでした。

実は一九七五年にデジタルカメラの開発に成功したコダック社ですが、結局はデジタルカメラを世に送り出すことはしませんでした。「せっかくフィルムが世界中で売れているのに、わざわざフィルムの要らないカメラを世の中に送り出すことはないだろう。コダック社としてはフィルムが売れればそれでいいのだから」。これが当時の経営陣が出した結論だったのです。

しかし、デジタルカメラの波を止めることはできませんでした。コダック社の技術は数年で世界中のメーカーへ拡散していき、フィルムカメラからデジタルカメラへの移行が劇的に進むことになります。その波に乗り遅れたコダック社は、二〇一二年に上場廃止の憂き目に遭います（二〇一三年に経営再建）。

アナログ化からデジタル化への変化は、技術面だけでなく経営面にも大きな影響を及ぼすことになります。いち早くチャンスを捉えた企業は生き残り、いつまでもアナログにしがみついていた企業はやがて消えていった。まさに経営者の鋭敏な判断が求められたのです。

ソニーも順風満帆だったわけではなく、難しい経営判断に迫られることもありました。たとえば、爆発的にヒットした『ウォークマン』の次世代の商品として、アップル社が『ｉＰｏｄ』という商品の開発に成功します。これは画期的な商品で、これまでのような「カセットテープ」を使用しません。いちいちテープを交換する必要もないうえに大量の音楽データを保存することができます。大きさも重さも『ウォークマン』の数分の一で、手のひらに収まるサイズです。当然のことですが、若者たちは一気にアップル社の『ｉＰｏｄ』に流れていきました。

当時のソニー経営陣の多くは『ウォークマン』の大成功を知る世代です。世界に誇る商品である『ウォークマン』はまだまだ売れている。カセットテープの売上も順調である。そんな矢先に登場した『ｉＰｏｄ』を見て、テープの要らない『ｉＰｏｄ』を売り出す意味はあるのかと懐疑的でした。ソニーにかぎらず、当時カセットテープ式の商品を扱っていたメーカーはどこも『ｉＰｏｄ』の真価を理解できていなかったかもしれません。

結果としてアップル社の『ｉＰｏｄ』は世界を席巻し、『ウォークマン』の時代は終焉を迎えることとなります。この例のように、アナログからデジタルへの移行によって、どのメーカーも既存の商品を取捨選択するという大きな決断に迫られることになりました。

そのため、多くの企業が何を経営の柱にすべきか悩みながらソニーとのコラボを求めてきました。もちろんソニーも果敢に試行錯誤を繰り返し、オープンイノベーションを展開することになったのです。

そこで、私自身が直接担当した各社とのコラボを振り返ってみます。

松下電器との「ビデオ戦争」に敗れる

デジタル技術によって小型軽量化を推進する際に不可欠となるのが電池です。容量を大きくし、かつ小さくて軽い電池を開発しなければならない。電池というのは、いわばデジタル化を達成するための血液ともいえるのです。

一九七〇年代の後半、世の中には「ビデオ戦争」という言葉が躍っていました。これはソニーと松下電器（現・パナソニック）が、両社の威信をかけて戦った熾烈な戦争でした。一九七五年にソニーが開発した「ベータマックス」のビデオレコーダーと日本ビクターが開発した「VHS方式」のビデオレコーダー。この戦いに勝利した商品がこれからのスタンダードになる。要するに今後のビデオの世界の覇権をどちらが握るかという争いでした。しかも、この戦争はソニー対松下電器・日本ビクター連合に留まらず、業界全体を巻き込んだ大戦争に発展するのです。

ちなみに、ベータ陣営はソニーを規格主幹として、東芝・三洋電機・NEC・ゼネラル（現・富士通ゼネラル）・アイワ（現・ソニーマーケティング）・パイオニア（現・オンキヨー&パイオニア）。VHS陣営は日本ビクターを規格主幹として、松下電器・シャープ・三菱電機・日立製作所・船井電機・ニコン・オリンパスなどが加わったのです。

結果的に、一九八〇年代に入るとVHS方式が優勢となり、ベータ陣営も次々とVHS方式に移行していったため、ついにソニーはベータ方式から撤退せざるをえなくなります。

ビデオカメラでは負けられない

ビデオレコーダーではVHS方式に敗れましたが、次に登場したビデオカメラでは負けられない。ソニーは起死回生策として、一九八三年にビデオカメラにベータ方式のデッキを内蔵した世界初の一体型ビデオカメラ『ベータムービー』（BMC－100）を世に送ります。その二年後の一九八五年には、統一規格の八ミリビデオテープに記録するカメラ一体型ビデオ『CCD－V8』を開発します。撮像素子は新開発の二十五万画素CCDで、電動六倍ズームを搭載、高画質録画が可能、また一・九七キログラムという軽量化を実現した画期的な商品でした。

実は、当時の私はまさにビデオカメラの部品開発の責任者でした。なんとかしてVHS陣営に勝ちたい。そのために何をすればいいのか。私がターゲットとして絞り込んだのが、容量の大きい電池を開発することでした。

どのビデオカメラが優れているか。それを決める大きな要因となるのは撮影時間の長さです。いくらよい画像であっても、撮影時間が短ければ消費者はそっぽを向きます。たとえば電池を充電しても一時間しか撮影できなければ、予備の電池をいくつも買わなければなりません。そんな面倒な商品が受け入れられることはない。なんとかして撮影時間を延ばす方法はないだろうか。私は常にその答えを追い求めていたのです。

実は、「ベータ方式」が「VHS方式」に敗れた理由の一つが、録画時間の差にありました。「ベータ」のカセットテープの録画時間が一時間（のちに二時間）だったのに対し、「VHS」のカセットテープは倍の二時間（のちに四時間／六時間）でした。つまり、一時間のテレビドラマなら問題ありませんが、映画や野球などのスポーツ中継となると、途中でカセットを入れ替えなければなりません。消費者は、手間のかかる作業を敬遠するものです。いくら画像がきれいといっても、録画時間の長さが勝敗を分けたといってもいいでしょう。

ライバル企業にもかかわらず、生涯の友となった佐野尚見さん

私はビデオカメラではその轍《てつ》を二度と踏みたくないと思いました。撮影時間の長さを決めるのは電池の容量に尽きる。なんとしても新しい電池がほしい。しかし残念ながら、当時のソニーにはビデオ用の電池を開発する部門がありませんでした。
さてどうしたものかと業界全体をリサー

チしていたところ、松下電池工業（現・パナソニックインダストリアルソリューションズ社）が高容量のニカド電池（ニッケル・カドミウム蓄電池）の開発を進めていることがわかりました。一九八三年に辻堂（神奈川県藤沢市）にニカド電池の新工場を建てたのです。当時は長らく主流だった鉛の電池から次世代電池に移行し始めた時期でした。ニカド電池もこれまでの鉛の電池に比べて容量は格段に大きいですが、まだ開発途上の段階だったため、どのメーカーも商品に採用する動きには至っていませんでした。

松下電器の電池事業部にいた佐野尚見《たかみ》さんと知り合ったのがそのころです。佐野さんはその後、松下電器の副社長を務めた人（現・松下政経塾塾長）で、私の長年にわたっての友となる人物です。電池事業部の営業責任者だった佐野さんは、さっそく松下社内のビデオ事業部に新しい電池を使ってくれるよう頼みました。ちなみに松下電器はソニーの『ベータムービー』発売から一年半後に業界初のＶＨＳカセットテープ使用の一体型ビデオカメラ『マックロードムービー』（ＮＶ－Ｍ１）を発売しています。

松下が開発した電池をソニーが使うことに

ところが、松下のビデオ事業部は松下電池工業が開発したニカド電池を使うことはしませんでした。グループ企業が開発した製品にもかかわらず、まだどのメーカーも使った実績がないという理由で使用することを拒否したのです。せっかくニカド電池というよい製品の開発に成功したのに、それを自社で使ってもらえない。佐野さんは悔しい思いをしたといいます。

普通のサラリーマンならば、なんとか社内で使用してもらう道を模索するでしょう。それは当たり前の発想です。ところが、佐野さんという人は、「普通」のやり方を選ばなかった。なんとライバルであるソニーの私に声をかけてきたのです。

「蓑宮さん、今度我が社でニカド電池を開発しました。自社の製品に使ってもらおうとしたのですが、実績がないからという理由で断られました。そこでソニーさんに使ってもらおうと考えたのです」

初めは私も驚きました。ビデオ戦争真っただ中に、ライバルに新しい技術を提供するようなものです。

「わかりました。ぜひ使わせてください」

私はその場で腹を括りました。このとき、松下電器の技術を信頼したというよりも、佐野尚見という男を信頼したのです。

「まだどこも使っていないから自分のところも使わない」のが松下電器の考え方だとすれば、「どこも使ってないからこそやってみる価値がある」と考えるのがソニーです。こうしてソニーと松下電器、いや蓑宮と佐野という強固な関係が構築されていったのです。

ただし、この決断に至るには伏線がありました。当時私の上司であった山川清士専務に、あるときこのような問いかけをしたことがありました。

「新しい商品開発をするとき、もしも重要な部品がソニーで開発されていなければ、それを社外から取り入れてもかまいませんか。たとえライバル会社のものであっても、ソニーが使ってもよいとお考えですか」

この私の問いかけに対して山川専務は迷うことなく答えました。

「まったく問題はない。大切なことは最終の商品で競うことだ」

この山川専務の言葉が頭の中にあったからこそ、私は佐野さんの申し出を迷うことなく受け入れることができたのです。

こうしてソニーと松下電器との絆が生まれていくのですが、それはビジネスシーンだけにかぎったものではありませんでした。当時、辻堂の松下電池工業の工場は海のそばにあったので、佐野さんが地引き網大会を計画したのです。茅ヶ崎海岸に張られた横断幕には「ソニー・松下電器・共同地引き網大会」と書かれていました。日本中が知っているライバル会社の社員が一緒に地引き網を引く。世間もびっくりするような仕掛けを佐野さんは提案したのです。私もソニーの社員もあの横断幕を見て一様に驚いたものです。

あれから三十年以上の月日が流れたいまも、二人の関係はしっかりと続いています。松下政経塾の塾長として、その視野の広さと核心を見据える力をもつ佐野さんには、ぜひ未来の日本を背負って立つ逸材を育ててほしいと願っています。

士は己れを知る者のために死す

さて、このように一連の仕事を通して知り合えた人物は他にもいます。それは一九八六年から松下電池工業の社長を務めた石橋太郎さんです。石橋さんはまさに松下幸之助さんと共に歩んでこられた苦労人で、松下幸之助イズムをしっかりと受け継いだ人物でした。

あるとき、佐野さんや石橋社長とゴルフをする機会がありました。早めにゴルフ場に向かうと、すでに石橋さんは到着していました。まだスタートまでには時間があります。すると石橋さんが私に声をかけてきたのです。「蓑宮さん、ちょっとお茶でも飲みましょう」と。

もちろん石橋さんのことは知っていましたが、直接話をしたのは二度か三度くらい。二人きりで話をする機会などありませんでした。少し緊張しながらお茶を飲んでいると、いきなり石橋さんが私に聞きました。

「蓑宮さん、『士は己れを知る者のために死す』という言葉を知っていますか?」

そのとき、私はその言葉を知りませんでした。

「いえ、恥ずかしながら存じません」というと、石橋さんは「そうか、覚えておくといいよ」

といっただけ。言葉の説明をするわけでもなく、それから話を広げるわけでもなく、ただこの言葉を私に投げかけたのです。

「士は己れを知る者のために死す」という言葉は中国の『史記』の中にあり、「立派な人間は、自分の真価を知って待遇してくれる人のためなら、命をなげうって尽くすものだ」という意味です。この言葉はビジネスにおける上司と部下のあいだにも通用するものです。

部下のやる気を引き出すためにはどうすればいいか。松下幸之助さんは、すべての部下の名前を憶《おぼ》えていたといいます。何かの指示を出すときにも、必ず部下の名前をしっかりと呼んでから話す。叱るときも部下の名前を呼んでから叱る。そこには「私は君のことをしっかりと見ているぞ」というメッセージが込められているのです。部下の名前をしっかりと憶えること。簡単なようですが、それを疎《おろそ》かにしている上司は多いものです。そんな上司に部下は心から従うことはないのです。

どうして石橋さんは私にこの言葉を贈ってくれたのでしょうか。きっと、部下の一人ひとりに眼差しを向けることの大切さを教えようとしたのだと思います。振り返ってみると、当時は私と佐野さんとの強固な関係で仕事がなされていました。要するに、ソニーと松下電器との関係の中で、二人だけが突出した存在であったのです。

仕事は二人だけで完結するものではない。私と佐野さんは、互いに何百人もの部下を抱えている立場にあります。たしかにトップ同士が仕事を進めればスムーズにいきます。しかし、実際に地道な作業をしてくれているのは部下の人たちです。その一人ひとりにしっかりと目を向けなさい。石橋さんは私にそういってくれたような気がするのです。以来、長きにわたるビジネスマン人生の中で、深く私の心に刻まれる言葉となりました。当時の私は部長という立場とはいえ、石橋さんから見ればまだまだ若造です。しかもライバル会社の人間。そんな私に対して真っ正面からビジネスの本質を教えてくれようとした。松下電器という会社の懐《ふところ》の深さを感じたものでした。

幻に終わった旭化成とのリチウムイオン電池開発

電池の進化は留まるところを知りませんでした。かつては鉛だった電池ですが、それがニカド電池になり、ニッケル水素電池になり、さらに進化してエネルギー密度が非常に高いリチウムイオン電池が登場してきました。

サイズが小さく軽くなり、しかもエネルギー効率が高い。夢のような電池がいよいよ開発されようとしていました。この電池を使えば、あらゆる製品の小型軽量化が一気に進みます。ソニーとしてもなんとかしてこの電池を使って商品開発をしたい。そういう思いでプロジェクトを組んだ相手が旭化成でした。

　ここでソニーと旭化成の関係性を少し紹介します。ソニーという会社はいうまでもなく最終製品を生み出すメーカーです。一方の旭化成は素材の開発を専門とする会社です。いわゆる素材メーカーです。

　両者の関係はさまざまなかたちで結ばれます。たとえば、新しい製品を開発するためには、これまでにない素材が必要になる。その素材づくりをソニーが素材メーカーに依頼するわけです。「こんな新商品を考えているので、それに使用できる部品をつくってくれませんか」と。これは最終製品から逆算した注文といえるでしょう。

　その反対もあります。たとえば、素材メーカーが新しい技術や部品を開発した。画期的な技術であり部品であるけれども、それをどう使えばいいかがわからない。つまり素材メーカーというのは、「Ｓｅｅｄｓ」＝商品の種を生み出しているわけです。そしてその種をどのように使って、どのような新商品を生み出すか。つまり社会の「Ｎｅｅｄｓ」を見極めて実現させるのがソニーのようなメーカーとなります。

　たとえば、大学の研究機関などは、まさに「Ｓｅｅｄｓ」の研究に励んでいます。これまでにないような技術を生み出そうとしています。そして研究が実り、新しい技術が生まれます。しかし彼ら研究者は、その新技術をビジネスの世界に発展させる術を知りません。そうしたノウハウはもっていないのです。いくらよい技術が完成したとしても、それが具体的なかたちにならなければ意味はありません。

再び、ソニーと旭化成のリチウムイオン電池プロジェクトに話を戻します。ソニーとしてはぜひとも次世代の電池を開発したい。しかし自社だけでは困難な面もある。そこで一流の素材メーカーである旭化成と一緒に開発を進めることにしたのです。

ソニー側の責任者は私です。そして旭化成の研究所にはのちにノーベル化学賞を受賞（二〇一九年）した吉野彰さんがいました。日々、吉野さんと夢を語り合い、技術開発に関して議論を交わしたものです。これは本題とは関係ない話ですが、吉野さんのノーベル化学賞受賞の一報が入ったのが二〇一九年十月九日でした。その十二日後の十月二十一日、京都に向かう新幹線の車内で、ばったり吉野さんと三十数年ぶりにお会いしたのです。まったくの偶然ですから私も吉野さんもびっくりです。しばし車内で懐かしい会話を楽しみました。まったく人の縁とは不思議なものです。

さて、ソニーと旭化成とのプロジェクトは順調に進んでいました。私はソニーと旭化成で合弁会社を設立し、さらなる共同研究を進めていくことを提案しました。この提案は上層部にも受け入れられ、合弁会社設立の一歩手前まで話は進んでいたのです。

ところが、最終的な結論を出そうというとき、盛田昭夫さんからストップがかかったのです。

「みなさん、ほんとうに申し訳ないけど、リチウムイオン電池はソニー単独でつくるというのが私の夢なんだ」

トップがそういう意向であれば仕方がありません。結局、この共同プロジェクトは解散となり、それぞれが単独で開発を進めることになりました。もしも旭化成と共同で開発を進めていたら、私も関係者の一人としてノーベル賞授賞式のパーティーに招待されていたかもしれません。

盛田さんの一声でソニー単独でリチウムイオン電池の開発に取り組むことになったのですが、それはたいへんな道のりでした。なにせリチウムイオンという代物はこれまでとは別次元のパワーを発出します。要するに危険きわまりない技術ともいえるのです。

担当の天野勝利さんが幾度となく実験を繰り返すのですが、そのたびに火花が飛び散りました。時折、爆発音も鳴り響きました。そのたびに私は責任者として始末書を書かされたものです。社内の人間から冷たい目で見られながら、ようやく使えそうな電池ができあがるのですが、それをソニーの製品に実装してみるとトラブルが起きる。トラブルが起こるたびに原因を追究し、再び改善して作り直すという作業の繰り返しでした。さすがの私も、このときは神経をすり減らす毎日でした。

そうして一九九〇年二月、ソニーはリチウムイオン電池の単独開発に成功し、商品化発表にまでこぎ着けたのです。

大きなエネルギーを発出するリチウムイオンという技術。この技術と向き合いながら、私は『鉄腕アトム』という漫画を思い出していました。原子の力で生きるアトム。それは夢のような世界ではあるけれど、その技術は裏を返せば人類を滅ぼすような力ももっています。そこには最大限の安全性の追求が必要になってくる。新しい技術とは、常に諸刃《もろは》の剣《つるぎ》であることを知っておかなければならない。私はリチウムイオン電池の開発に携わりながら、常にそのことを考えていたような気がします。

『鉄腕アトム』の歌詞の中に、次の一節があります。作詞は詩人の谷川俊太郎さんです。

「ゆだんするな　心ただしい　ラララ　科学の子」

科学は正しく使わなくてはいけない。いくらよい科学であっても、それが原因で事故を起こしてはならない。この戒めを常に心に抱くことが、科学者、そして技術者として何よりも大切なことだと改めて感じたものです。

富士フイルムとのデジタル化プロジェクト

富士フイルムといえば、日本を代表する精密化学メーカーです。銀塩写真（乾板やフィルムなどを使用するカメラ）が当たり前だった時代、正月になると富士フイルムのCMが流れていたのを思い出す人も多いでしょう。まさに順風満帆の優良企業でした。

しかし、富士フイルムにも、デジタル化の波が襲ってきます。一九八〇年代に入ると、世界中でデジタルカメラの開発が進み、ソニーも一九八一年に『マビカシステム』を発表するなど、もはやデジタル化の波を止めることはできなくなっていたのです。

先にも書きましたが、デジタル化の波に乗ることをせず倒産の憂き目に遭ったのがイーストマン・コダック社でした。これまでのフィルムに固執するあまり、次世代への開発を怠った経営陣たちの古い考えと守りの姿勢によって、世界的なコダックの名前が消えることになったのです。

当時の富士フイルムが置かれていた状況は、まさにコダック社と同じでした。デジタル化の波が来ることは予測できる。しかし、主要商品である銀塩のフィルムは相変わらず売れ続けている。せっかく安定した売れ行きを保っているフィルムなのに、わざわざデジタル化の波に乗る必要はない。もしもあのとき富士フイルムの経営陣がそう考えていたら、いまごろ会社はなくなっていたかもしれません。それほど大きな方向転換を余儀なくされていたのです。

しかし、デジタル化の波をいち早く敏感に感じ取った富士フイルムは、ソニーに技術協力を要請します。当時はまだデジタルに対応できる技術者が富士フイルムには育っていなかったのです。そこでデジタル技術を学ばせてほしいとソニーに相談があったわけです。

富士フイルムは十人の技術者をソニーに送り込んできました。このとき、その十人の世話をするよう命じられたのが私でした。他社から技術者を受け入れるのは容易なことではありません。企業風土が違う者同士が共に仕事をするわけですから、そう簡単に協力態勢は整いません。実は初めは私の担当ではなかったのですが、ソニー側の前任者がうまく対応することができず、私にお鉢が回ってきたというわけです。

技術者を送り込むからデジタル技術を教えてほしい。そんな他社からの要望に二つ返事で応える。まったくソニーという会社は面白い会社だと思います。実は当時、ソニーでもカセットテープや業務用ビデオテープをつくっていました。その分野においては富士フイルムとはライバル関係にあったのです。ライバルであるにもかかわらず、ソニーに技術者を送り込んできた富士フイルム。それを何のわだかまりもなく受け入れたソニー。この姿勢こそが業界全体の発展につながっていくのだと私は考えています。

松下電器との関係もそうですが、真のライバルとは、互いに相手を打ち負かそうとすることではありません。お互いが成長するために競うこと。その競争によってお互いの力が伸びていくこと。相手を蹴落とすのではなく、先に進んでいるほうが、後れを取ったほうの手を取り引っ張り上げること。それこそがライバルであると思います。

富士フイルムがすばらしかったのは、いま自分たちがもっている技術やノウハウをいかに発展させるかに目を向けたことでしょう。写真フィルムの素材として偏光フィルムを製造していました。その技術を別の分野に応用できないか。その発想がもとになって、液晶テレビ用の偏光板の保護膜ＴＡＣフィルムの製造に挑戦したのです。新たな製造技術を生み出すのではなく、自分たちがもっている製造技術力をいかんなく発揮する。そうした方法を見出すことで、新たなビジネスの幅が広がったのです。

そしてもう一つ、販路チャネル面でも新しい道を見つけました。もともと富士フイルムはレントゲンの撮影に使用する乾板を病院に売っていました。実は企業が病院へ医療機器や機材を納入するのは、たいへんハードルが高いのです。とくに営業担当者の努力は並大抵のものではありません。富士フイルムのヘルスケア分野ビジネスは、技術者によって蓄積された高度な技術力と営業マンの販売力によって成功を収めることができたのです。

「ないものは学べ」「いまもっているものを徹底的に使いこなせ」。こうした富士フイルムがもつＤＮＡによって、彼らはみごとにデジタル化の波に乗ることができ、プロダクト・ポートフォリオの変更に成功したのです。

さて、ここからは余談ですが、富士フイルムの基幹工場は、私の故郷である小田原市にありました。小田原市民にとって富士フイルムは自慢の会社です。富士フイルムに入社することはとても誇らしいことだったのです。もちろん私も富士フイルムに憧れをもっていましたので、ソニーと富士フイルムの入社試験を受けました。

一次試験はどちらも合格をいただきました。しかし、運悪く二次試験の日が重なってしまったのです。私はトランジスタに憧れていたのでソニーを選んだのですが、もしもあのときソニーの一次試験に落ちていたら、富士フイルムの一員として人生を送っていたかもしれません。

当時はそういう話は誰にもしていませんが、心の中で「不思議な縁もあるものだな」と思いながら、富士フイルムからやってきた十人の技術者を眺めていたことを思い出します。

ポラロイド社のプライドが仇となったプロジェクト

一九三七年、エドウィン・ハーバート・ランドによって創立されたのがポラロイド社です。創業者のエドウィンは天才的発明家と称され、アップル社を創業したスティーブ・ジョブズも敬愛していました。エドウィンが発明したインスタントカメラは、撮影してすぐにプリントアウトされる画期的な商品で、世界中の人々を驚かせました。

一九八〇年代、デジタル化の波が押し寄せるなか、ポラロイド社の経営はまだまだ安定していました。ポラロイド製のインスタントカメラが世界中で売れ続けていたため、経営は万全だという安易な空気が社内に蔓延していたのです。しかしその一方で、将来の展望を見据えると、新たな商品開発に取り組む必要がある。経営陣たちは重い腰を上げざるをえなくなったようです。

「我が社と一緒になって新商品開発のプロジェクトを立ち上げないか」

彼らはソニーにそんな提案をもちかけてきたのです。一九九〇年代後半のことでした。

当時、ソニーでは『ビデオウォークマン』や『プリンパ』という商品を展開していました。『ビデオウォークマン』とは、いわば『ウォークマン』のビデオ版です。ビデオカメラで撮影した映像をその場で観ることができる小型のポータブルビデオデッキで、一九八八年に販売されました。ＴＶチューナーも搭載していたので、ＴＶ録画も可能な優れものです。

『プリンパ』とは、ビデオカメラで撮影した映像からお気に入りのシーンを選んで、手軽に高画質のオリジナルポストカードなどが作成できるカラービデオプリンターです。いわば『プリクラ』の小型版のようなものでしょうか。

どちらもこれまでにはない商品で話題を呼びました。そしてこの二つの商品を統括していたのが事業部長の私でした。

「みのさん、ポラロイド社から共同開発の話がきたので、君がそのプロジェクトをやってくれないか」

そんな指示を受けて、私がプロジェクトを立ち上げることになったのです。その名も「ボストンプロジェクト」。ポラロイド社の本拠地であるアメリカ・マサチューセッツ州ボストンを

幻に終わった「ボストンプロジェクト」のメンバーたちと（前列右から2人目が筆者）

起点に展開するため、そう名付けました。

当時のポラロイド社には、デジタル技術をもっているエンジニアがわずかしかいませんでした。共同で新商品を開発する前に、まずは技術者を育成しなければならない。さっそく私はポラロイド社に、技術者をソニーに送り込むよう要請しました。ところが先方は、そんなことはできないという。ポラロイド社の技術者が日本に来るのではなく、ソニーの技術者をボストンに派遣してくれないかというのです。まったく身勝手な要求でした。ソニーとしても、大切な技術者を派遣する余裕はありません。技術を学びたいのであれば、学ぶほうから足を運ぶのが当然のことです。しかし、ポラロイド社側のプライドは高く、このプロジェクトはなかなか進みませんでした。

しばらくしても、ポラロイド社の経営陣には危機意識が感じられません。デジタル化の波がきたとしても、ポラロイド社が潰れるわけはない。われわれの技術がそう簡単に陳腐化するなどありえないという慢心が見え隠れしていました。

プロジェクトが頓挫《とんざ》するなか、二〇〇〇年に入るとデジタルカメラの普及が一気に進みます。この波にポラロイド社はついていくことができず、二〇〇一年十月に十億ドル近い負債を抱えて経営破綻してしまいます。

これは先に書いた富士フイルムとは真逆の例でしょう。デジタルの技術者が少なかった富士フイルムは、すぐさま十人の技術者をソニーへ送り込んできました。「自分たちがもっていない技術を教えてください」という姿勢でやってきた。富士フイルムも世界に知られる企業ですが、彼らは不要なプライドに固執することはありませんでした。そんなプライドよりも、変化に対応していくのだという覚悟が経営陣にあった。それが富士フイルムとポラロイド社との違いでした。

ポラロイド社との「ボストンプロジェクト」は雲散霧消しましたが、私は幾度となくボストンを訪れました。ボストン近郊のケンブリッジにはハーバード大学やＭＩＴ（マサチューセッツ工科大学）など世界に誇る大学があります。美しく上品な街並みを歩いていると、そこここに「知」の匂いが感じられます。そして何よりもロブスターやマグロ等の魚介類が豊富で美味しい。私はこの街のファンになりました。私個人としては、不謹慎ですが、あのプロジェクトのおかげでボストンの街を満喫させてもらったのです。

ＩＢＭとの「新ＣＡＤシステム」導入プロジェクト

一九八〇年代半ば、ＩＢＭは画期的なシステムの開発に成功しました。それが「新ＣＡＤシステム」です。それまでの商品開発といえば、商品の命ともいえる設計図を手で描くのが当たり前でした。私も機械科の卒業ですから、「三角法」という技法を用いて、設計台の上で設計図を描いたものです。当時の設計者にとっては当たり前の作業で、むしろ自らの手によって設計図を描くことにプライドをもっていたものです。

ところが、ＩＢＭが手書きに代わってコンピュータで設計図を描くという画期的なシステムを開発したのです。コンピュータの画面上に設計図を描くわけですから、もし描き間違えても瞬時に修正ができます。また正確な寸法で図面を描くことができるので、人為的なミスも減り、明らかに人間の手によるよりも早く設計図ができあがるわけです。

とはいっても、この新ＣＡＤシステム（ＣＡＤＡＭ、ＣＡＴＩＡ）をすぐに導入する企業はほとんどありませんでした。ほんとうにコンピュータで正確な設計図が描けるのだろうか。やはり人間の手によってしかできない部分があるのではないか。新しいシステムに対する不安と、熟練の技術をもつ設計者たちのプライドなど、さまざまな壁が立ちはだかって、ＩＢＭのシステムの導入を前向きに検討する企業は少なかったのです。

そんな状況のなか、ＩＢＭがソニーに接触をしてきました。なんとかソニーに新しいシステムを取り入れてもらいたい。もしもソニーが取り入れてくれたら、いずれ業界全体に普及していくに違いない。ＩＢＭとソニーが一緒になってこのシステムを普及していきたい。それが彼らの願いでした。

このシステムを積極的にソニーに取り入れたのが、部下の小川源次郎さんたちでした。もちろん反発があることも十分に承知していました。私自身も設計者としての矜持《きょうじ》をもっていますから、彼らのプライドは痛いほど理解できます。コンピュータなんかに任せられるかと。一方で、私は確信もありました。これからは手描きの時代ではない。ＣＡＤシステムこそが設計の主役になってくると。こうして紆余曲折を経て、ＩＢＭとソニーのコラボが始まったのです。

新ＣＡＤシステムの導入を通して、ソニーはＩＢＭと深い関わりをもつことになります。その結果、私は非常に多くの学びを得ることができました。

彼らとともにプロジェクトを立ち上げたとき、まず教えられたことがあります。社内で新しいプロジェクトを立ち上げるときには、当然のことながら人材を集めなくてはいけません。プロジェクトに必要な人材を社の内外から招集するわけです。その場合、日本の会社のほとんどは、人事部が主体となって人材を集めます。プロジェクトリーダーが要望を人事部に出す。これこれこういう人材がほしいと。その要望に応えるべく人事部がメンバーを集めるわけです。

ところが、ＩＢＭはそんな方法は採りません。新しいプロジェクトのリーダーとなる人間が自ら必要とする人材を集めるのです。自分がほしいと思った人材を自分の足で探し、自分で面接し、リクルートする。人脈のあるリーダーであれば、有能な人材を素早くリクルートできるでしょう。反対に、人脈の少ないリーダーはスタッフ集めに四苦八苦することになる。実はこの段階からプロジェクトリーダーへの評価がなされているのです。

このやり方は非常に厳しい面がありますが、うまく人材集めができれば、強固な組織となり、プロジェクトの成功率も上がります。

アメリカの企業におけるプロジェクトリーダーとは、日本のそれに比べて数倍も重要な意味をもっているのです。日本の企業の場合、プロジェクトがうまくいかなくても、「人事部がよい人材を集めてくれなかったからだ」などと、責任転嫁もできますが、アメリカの企業ではすべてリーダーの責任となります。そのかわり、プロジェクトが成功したときは、日本の企業では考えられないほどの多額のボーナスを得ることができるのです。

ＩＢＭのプレゼンに脱帽する

人材という意味で、もう一つのエピソードを紹介します。ＩＢＭが日本に進出してきたとき、日本人の社員の採用を積極的に進めました。なかでも新卒については、少し変わった採用基準を掲げました。

ＩＢＭは、お茶の水女子大学の文系の学生を多く採用したのです。ＩＢＭなのですから、理系の学生を採用するのが当たり前。周りはそう考えていましたが、ＩＢＭが採用したのは文系の女子学生でした。お茶の水女子大学といえば日本を代表する女子大学です。優秀な学生がたくさんいます。しかし、文系ゆえに就職先が見つからないという学生がたくさんいました。

ＩＢＭは、そういう女子学生を採用して、二メートルぐらい積み上げた専門書を二年間徹底的に読ませたのです。どうして理系の学生ではなく文系の学生なのか。彼らはこういいました。

「これからの技術はすさまじいスピードで進化していきます。少しくらい理系の知識があったところで追いつくものではありません。むしろ理系の知識を中途半端にもっていると、余計な先入観が顔を出します。そんなことは無理だと初めから決めつけたりする。それに比べて文系の学生は不要な先入観がありません。要するに教育しやすいのです」

この発想はすばらしいと私は思いました。そしてこの発想こそが、これからの企業には必要なのです。文系だからこの道に進む。理系だからこの業界しかない。未開発のジャンルではそんな狭い考え方は通用しません。文系や理系という枠組みなど何の役にも立たない。先入観や思い込みから脱した戦略こそが求められる時代がきているのです。

さらに、ＩＢＭのプレゼンテーション能力の高さにも脱帽しました。彼らがプレゼンテーションを始めると、知らぬ間に引き込まれていきます。一分も経たないうちに、彼らの話を夢中になって聞いている自分がいるのです。その秘密は彼らのテクニックにありました。

日本人が会議でプレゼンをするとき、まずは「狙い」や「目的」といった話から始まります。作文を書くとき、「起承転結」を大切にする文化が色濃く残っているからでしょう。ところが、えてして前置きが長くなる傾向があり、いつまで経っても話の核心部分がよくわからず、ようやく最後のほうにやっと結論めいたものが登場する。結局、何がいいたいのかが伝わらないので、聞いている側の興味はすっかりなくなっているというパターンが多いのです。

一方、ＩＢＭのプレゼンは、全体像を明示したあとで、まず第一声に結論を提示します。「今日のプレゼンのポイントはこれです。そして結論はこうです」と。そうして聞く側の興味を引き、そのうえで結論に至った経過を述べていきます。そこにはまったく無駄な話はありません。まさに必要最小限の言葉と説明があるのみです。もしもその周辺の事柄が聞きたいのであれば、プレゼン後の会議で質問すればいいこと。会議の時間をいかに短く効率的なものにできるか。それもまた彼らの評価基準となっているのです。

こうしてみると、ＩＢＭという会社は非常に効率重視でクールな企業と思われるでしょうが、実はビジネス一辺倒ではない側面も有しているのです。

ＩＢＭが主催する伊豆の天城合宿研修というものがあります。さまざまな業界の人たちに声をかけ、二泊三日の合宿を行っているのです。もちろん費用はすべてＩＢＭもちです。さまざまな業界の人間が集まって、いろいろな話をする。この情報交換の場に私も何度となく参加しましたが、毎回錚々《そうそう》たるメンバーが参加していました。

日本興業銀行（現・みずほ銀行）の海外研修室長、東京電力の担当理事、日本電装の専務、大成建設の企画部長、伊勢丹（現・三越伊勢丹ホールディングス）の人事部長、東京海上火災保険（現・東京海上日動火災保険）の研修部長、野村證券の総務部長など、日本経済を牽引している企業のキーマンたちが天城に集まっていたのです。

これからの時代は、業界の壁などは無意味なものになる。グローバル化によって国の壁も取り払われたように、業界という壁もなくなっていく。それぞれが手を組みながらビジネスを展開していく時代です。ＩＢＭがこの合宿を始めたのは、新しい時代におけるビジネスのあり方をみなで知恵を出し合って考えようという試みでしょう。ＩＢＭという会社は、欧米特有の合理的な思考と、日本社会が大切にしている情の部分を持ち合わせているのです。彼らからは多くのことを学びました。

東芝・富士通との半導体共同開発

一九九八年から二〇〇二年にかけて、私はソニーで半導体の責任者を務めていました。当時は、半導体がもっともドラスティックな進歩を遂げていた時代でした。

では、半導体とはどのようなものか。誰もが聞いたことはあるが、専門的なことは知らない人がほとんどでしょう。半導体が進歩するとはどういうことなのか。簡単に説明してみます。

半導体とは、電気伝導性のよい金属などの導体（良導体）と電気抵抗率の大きい絶縁体（不導体）の中間的な抵抗率をもつ物質のことです。それを工学的に利用したのがＩＣ（集積回路）やＬＳＩ（大規模集積回路）と呼ばれる電子部品です。ＩＣやＬＳＩは、トランジスタや抵抗、コンデンサ、ダイオードなど多数の微細な電子素子を一つの基板の上で連結しており、パソコンをはじめあらゆるデジタル機器の心臓部分となっています。

また、ＩＣやＬＳＩの基盤となるのがＩＣチップやシリコンウエハー（高純度な珪素《けいそ》＝シリコンを薄くスライスした円盤状の板）と呼ばれるもので、この基板にたくさんの配線が施されています。この配線が多くなればなるほど、一つの基板の容量が増えるため、さまざまな製品の小型軽量化が実現されるのです。

配線を多くするということは、具体的には配線と配線の幅を小さくすることです。この配線の幅のことを「線幅《せんはば》」と呼んでいます。つまり「線幅」の進化こそ半導体の進化といえるのです。

たとえば、代表的な半導体素子メーカーであるインテルの微細化の歴史を見ると、一九七二年には線幅は一〇ミクロンでした。これが八一年には二ミクロンになり、九一年には〇・八ミクロンまで縮小されます。そして私が半導体の責任者を務め始めた九七年には〇・二五ミクロンとなり、九九年には〇・一八ミクロン、二〇〇一年には〇・一三ミクロン、二〇一一年には〇・〇三二ミクロンにまで技術は進歩したのです。

〇・〇三二ミクロンとはどれくらいの長さなのか。ちなみに、一ミクロンが一〇〇〇分の一ミリメートルで、人間の髪の毛の太さがおおよそ八〇ミクロンといわれていますから、想像もできないほどの「線幅」なのです。

当時、半導体の開発は各メーカーが単独でやることもできました。しかし、それでは世界の開発スピードについていけない。半導体開発に出遅れることは、すなわち新たな商品開発に出遅れることを意味します。そこで、ソニーは東芝と富士通に声をかけ、お互いがもっている技術を提供し合い、より高度な半導体開発に共に取り組むための共同戦線を張ることを提案したのです。

ソニーの責任者は私です。東芝の責任者は常務の中川剛さん。そして富士通の責任者は役員の小野敏彦さんという布陣で共同開発&製造が始まりました。基本的にはソニーの技術者を東芝と富士通に送り込むというかたちをとりました。東芝の研究所は川崎市、富士通の拠点は三重県の津市にありました。共同開発&製造のあいだ、私も幾度となく川崎と津に通ったものです。

二つの会社と共同開発&製造をすることになったのですが、ここで面白いと感じたことがありました。それは、二つの会社の受け入れ方が少し違っていたのです。ソニーから技術者を送り込んだとき、東芝では東芝の社員と同じフロアにソニーのデスクを用意してくれました。両者の社員が何も隔てるものがなく仕事をするのです。もちろん互いに研究上の秘密なども有していますが、それを承知で東芝は同じフロアにソニーの社員を受け入れるというかたちをとりました。

一方、富士通は、同じフロアではありましたが、富士通の社員のデスクとソニーの社員のデスクのあいだにはしっかりとした仕切りが設けられていました。互いの会話が聞こえることはありません。相談事があれば互いに行き来すればいい。こうして仕切りをつくったほうが、ソニーの人たちもくつろぐことができるだろうという配慮があったのかもしれません。

同じフロアにデスクを置き、隣り合わせで仕事をする東芝。きちんとした仕切りを設けた富土通。どちらがよいとか悪いということではありません。それは企業の風土の問題なのでしょう。一言に共同開発といっても、それぞれの企業風土があるものだと思ったものです。

半導体の進化は留まるところを知りません。半導体のシリコンウエハーのサイズ（面積）もこの三十年で九倍になりました。そして半導体の「線幅」は二〇二四年には〇・〇〇二ミクロンにまで進化するといわれています。〇・〇〇二ミクロンというのは「二ナノ」という単位になります。実は「二ナノ」とは、生物の身体の設計図であるＤＮＡの螺旋の幅と同じなのです。

さて、このように半導体が小さくなることによって何が起きるのでしょうか。まずは小さくなることによってコストが下がります。コストが下がればどうなるか。たとえば日本中の電信柱にＩＣチップをつけることができます。とても安価ですから、どのような過疎地でも、電信柱があるかぎりＩＣチップがつけられます。そうすれば、日本中のどこにいてもＷｉＦｉがつながることになります。

さらには、半導体が小さくなれば、当然のことながら電力消費も少なくなります。たとえば、いまのスマートフォンは、長い時間使い続けていると熱をもってきます。電気が流れているのですから当たり前です。熱くなりすぎるのを防ぐために、熱を逃がすような部品もスマートフォンには組み込まれています。これが半導体の軽量化によって消費電力が小さくなれば、スマートフォンが熱を出さなくなる。電池も長時間持ちます。つまり熱を逃がすような部品は必要なくなるわけです。それによってスマートフォンはますます薄く、小さくすることも可能になる。もちろんスマートフォンのみならず、あらゆるデジタル機器に影響を及ぼすことになる。まさに半導体開発は、次世代の新商品を生み出すキーなのです。

次世代に向けて

二〇二〇年七月一日は世界の自動車業界にとって歴史的な日になりました。アメリカの電気自動車メーカー・テスラの株式の時価総額が、トヨタ自動車の時価総額を抜いたからです。

テスラの株式の時価総額は二千二百七十七億ドル（二十四兆四千億円）まで上昇。トヨタ自動車の時価総額二十一兆七千億円を一気に超えたのです。トヨタ自動車の創業は一九三七年。八十三年という時間をかけてここまでの成長を果たすことができた。一方のテスラの創業は二〇〇三年です。たった十七年で世界一のトヨタ自動車を抜いてしまったのです。ちなみに、ソニーの株式の時価総額は十兆四千五百億円で、ここまでくるのに七十四年という歳月を要しています。

ベンチャー企業の代名詞ともなったテスラですが、近年は自動車ばかりでなく宇宙進出も図っています。話題になったのが「スペースX計画」と呼ばれるものです。宇宙に衛星を打ち上げたあと、最終的には地球に落下させなくてはいけません。海に落下させるわけですが、その場所を正確にコントロールするのは非常に困難でした。アメリカのＮＡＳＡでさえ、このコントロールには頭を痛めていました。

しかし、テスラがこの難問を解決したのです。まさにピンポイントで宇宙からの衛星を海に落下させることに成功したのです。国家の技術を民間企業が超えたともいえます。この快挙も高く評価され、テスラの株は上がり続けているのです。

目を日本に転じてみると、残念ながらテスラのようなユニコーン・ベンチャー企業が育っていません。経済発展の指標となる上場企業の数を見ても、二〇一八年に新たに上場した企業数は、中国が三百十社、お隣の韓国では九十七社に対し、日本は八十九社でした。韓国の人口が日本の半分であることを考えると、その数がいかに少ないかがわかります。もちろん上場企業の数がすべてとはいいませんが、やはり経済活動が活発な国は自然と上場する会社も多いことは否めません。

どうして日本ではベンチャーが育ちにくく、また上場する企業も少ないのでしょうか。それはけっしてビジネスの力量ではないと私は考えています。世界に誇る技術と想像力をもっているにもかかわらず、なかなかベンチャーが育たない。その原因の一つは、日本人のもつ精神性にあるのではないかと思います。

かつて江戸時代に「士農工商」という制度がありました。もっとも誇り高いのが武士であり、お金儲けに精を出す商人の地位を低くした。その結果、お金を稼ぐ人をバカにするような風土がこの日本にできてしまった。

もちろん明治になって「士農工商」の身分制度は廃止されましたが、いまだに日本人の心の片隅に、お金儲けをしている人たちは卑しいのだという考えが残っているのではないか。お金よりも大切なものがある、お金などなくても幸せに暮らしていけるのだと。もちろんお金持ちになることが幸福になることではありません。しかし、お金儲けはけっして悪いことではない。それは経済活動の目的としては当然のことであり、卑しいことでも何でもないのです。

二〇一九年の世界長者番付を見ると、第一位はアマゾンのジェフ・ベゾス。二位はマイクロソフトのビル・ゲイツ。そして第三位はアルバイトをしながら資金をつくり、それを投資に回して成功を収めたウォーレン・バフェットとなっています。

彼らはみごとにベンチャーを立ち上げて大成功を収めました。しかし、彼らはその資産を社会に再配分しています。たとえば、ビル・ゲイツは資産の九五%を寄付すると決めています。妻と「ビル&メリンダ・ゲイツ財団」を立ち上げ、地球温暖化や医療支援を積極的に行っています。二十年も前から、感染症撲滅のために数千億ドルを寄付しています。

つまり、お金を儲けることは悪いことではない。大事なことは、儲けたお金をどう使うかということです。ベンチャーを立ち上げ、会社を上場する。そして資金に余裕ができ、十分な利益が上がれば、惜しみなく世の中に再配分する。こうした循環が生まれてこそ、国の経済は発展していくのです。残念ながら、いまの日本はまだその発展のサイクルに入っていません。

今回の新型コロナウイルス騒動により、世界の経済活動も変わると思います。これまでのように自分さえよければいいという発想は許されなくなります。一つの企業が、そして一人ひとりの人間が、誰かのために再配分を考える。世界中の人々が支え合って生きていく。そんなＳＤＧｓが目指す世界を築いていかなくてはいけないと私は考えているのです。

コミュニケーションアプリ「ＬＩＮＥ」を立ち上げた森川亮《あきら》さんもソニーから飛び出してベンチャーを立ち上げた人物です。森川さんは雑誌のインタビューで次のように語っています。

「日本は敗戦国から復活して高度な経済成長を遂げました。私たちの世代はその恩恵を受けてきました。でも、後に続く世代に何かを残せたのかといわれれば自信がない。今度は自分が立ち上げた会社で日本を元気にしたいと思って起業を決意しました」

森川さんは現在五十四歳。まさにアフターコロナ時代を担っていく世代です。羽ばたこうとしている彼らの足をけっして引っ張ってはいけません。いまこそ染みついた「士農工商」根性を払拭《ふっしょく》することです。

第5章

世界は日本と日本人をどう見ているか

日本が起こした「二つの奇跡」とは

私はソニー時代に、世界中の国々とのビジネスを展開してきました。海外出張の数はとても数えきれるものではありません。世界中を飛び回ったのはビジネスが目的でしたが、いつしか私には海外から日本を眺めるという習慣が身についていきました。日本にいては気がつかないこと、日本人との交流しかなければわからないことはたくさんあります。外から日本を眺めることで、私は多くの事柄に気づかされたものです。

世界の人たちは日本という国をどのように見ているのか。彼らはよく「日本は二度の奇跡を起こした」という言い方をします。それは「明治維新」と「戦後の復興」です。

十八世紀後半からイギリスで産業革命が始まったことで、世界は産業構造も社会構造も大きく変わるという大変革時代を迎えます。いわゆる資本主義経済が確立され、近代化の波が押し寄せます。経済を発展させ国力を強くしなければ国家が生き残れない時代に突入したのです。いち早くその波に乗ったのがヨーロッパの国々で、出遅れた国々は次々と植民地化されていきました。もちろんアジアも例外ではありませんでした。

ヨーロッパの列強国は、この近代化への構造転換を百年近い歳月を費やして成し遂げたわけですが、日本の場合はわずか二十年で成し遂げてしまいます。それが「明治維新」です。それまで約二百六十年強、国を治めてきた徳川幕府が朝廷に大政を奉還し、江戸城も開城し、新しい政府が取って代わる。もちろん新政府軍と旧幕府側の度重なる戦争や西南戦争など武士の世が終わることへの抵抗はありましたが、一般の庶民が戦渦に巻き込まれて犠牲になるような事態には至らなかった。この日本が成し遂げた近代化の過程に世界の人々は驚いたのです。

その後に起きたのが日清戦争と日露戦争でした。ちっぽけな島国である日本が、当時の大国である清やロシアと互角に戦って勝利を収めてしまった。これもまた世界では考えられない出来事でした。そして起きたのが第二次世界大戦。日本が挑んだのは、はるかに勝る国力をもつ英米でした。結果は惨敗で、多くの人命を失うとともに国土も焦土と化します。しかし、その後は信じられないようなスピードで復興を成し遂げます。国家存亡の機に一致団結する日本人の力を、世界は驚きと尊敬の目をもって眺めていたのです。

李登輝さんこそ「ラストサムライ」だった

日本をリスペクトしたのは欧米だけではありません。二〇二〇年七月三十日に亡くなられた李登輝さんもまた日本を心から愛した人でした。李登輝さんが台湾の民主化を成し遂げるために必死で戦っていたとき、坂本龍馬の『船中八策』（幕末に坂本龍馬が起草した新国家体制の基本方針）を懐に忍ばせていたといいます。

船中八策

一、天下ノ政権ヲ朝廷ニ奉還セシメ、政令宜シク朝廷ヨリ出ヅベキ事
一、上下議政局ヲ設ケ、議員ヲ置キテ万機ヲ参賛セシメ、万機宜シク公議ニ決スベキ事
一、有材ノ公卿・諸侯及ビ天下ノ人材ヲ顧問ニ備へ、官爵ヲ賜ヒ、宜シク従来有名無実ノ、官ヲ除クベキ事
一、外国ノ交際広ク公議ヲ採リ、新ニ至当ノ規約ヲ立ツベキ事
一、古来ノ律令ヲ折衷シ、新ニ無窮ノ大典ヲ撰定スベキ事
一、海軍宜シク拡張スベキ事
一、御親兵ヲ置キ、帝都ヲ守衛セシムベキ事
一、金銀物価宜シク外国ト平均ノ法ヲ設クベキ事

龍馬が考えた新国家とは、上下両院を設置して議会政治をする、有能な人材を登用する、不平等条約を改正する、憲法を制定する、海軍力を増強し、天皇を守る御親兵を置く、金銀の交換レートを変更し、外国と対等に貿易する、といった当時としては先進的なものでした。

李登輝さんの日本に対するリスペクトは、台湾の人々のなかにも浸透しています。私は幾度

となく台湾を訪れましたが、異国に来たという感覚がありませんでした。もちろん言葉は違いますが、心のどこかでつながっているような気がしていました。

衆議院議員で元大臣の古川元久さんが李登輝総統との思い出を語っています。

「今年亡くなられた台湾の李登輝さんに、私は生前、幸運にも四回、個人的にお目にかかる機会がありました。その大柄な身体から発せられるオーラは人を圧倒する力がありましたが、親子ほどの歳の差がある私を、李登輝さんはたいへん丁重に扱ってくださいました。

2017年４月14日、古川元久さんが李登輝さんと最後にお会いしたときの記念写真

私が李登輝さんから聞いたもっとも印象に残っている言葉が『日本精神』です。自分の中には『日本精神』があり、それが自分の人格形成につながっている。いまの日本人に必要なのは『日本精神』だ、とよくおっしゃっていました。自らが『日本精神』を体現しておられる方でした。

李登輝さんが『台湾の主張』をＰＨＰ研究所から出版されたのが一九九九年。ちょうどその年に長男が生まれたので、大きくなったときにぜひ読ませたいと思い、本に息子の名前を書いてサインしてもらいました。いまその息子は二十一歳になりました。私は息子が自分の名前の入った李登輝さんの本から『日本精神』の大切さに気づいてもらいたいと願っています。

二〇〇三年に公開された『ラスト サムライ』という映画がありますが、李登輝さんこそがまさに〝ラストサムライ〟だと私は思います」

権力と権威を明確に分離した国

台湾にビジネスで訪れたとき、現地の方と食事を共にすることになりました。そのときはソニー側が招待した会食なので、当然、私のほうで食事代を支払うつもりでした。ところが、いざ払おうとしたとき、相手が慌てていいました。

「台湾までいらしてもらったのに、食事までご馳走になったのでは、私どものメンツが立ちません。日本に行ったときには喜んでご馳走になりますので、台湾では私に払わせてください」

彼がいった「メンツが立たない」という言葉は、おそらく欧米の人には理解できないでしょう。損得勘定ではなく、お互いに思いやり、お互いを尊敬する。そういう関係のなかから生まれてくる気持ちなのだと思います。この気持ちは、日本人と台湾人のあいだでしかわからないかもしれません。

日本人がもつ精神的な強さや美しさ。これはいったいどこから生まれたものなのでしょうか。そしてその精神を支えているものとは何なのでしょうか。生活習慣や環境要因もあるでしょうが、私はやはり天皇の存在が大きいのではないかと思っています。

皇室の歴史は二千六百八十年といわれています。皇室は、はるか紀元前から脈々と続いてきたのですが、その存在とは不思議なものです。世界にはさまざまな宗教があります。その宗教を敬《うやま》う心によって国家が成り立っていたり、あるいは民族がまとまったりしています。しかし、日本の皇室というのは宗教ではありません。日本人の心を支えている一つの制度にすぎないのです。

ところが、皇室があるがゆえに、日本では権威と権力が明確に分離されてきました。内閣総理大臣は権力ではありますが、権威ではありません。権力は時とともに移り変わっていくものですが、皇室の権威はいついかなる時代にも変わることはない。たとえ権力が暴走しても、日本の国民は大きな権威によって守られています。日ごろは意識することはありませんが、皇室が存在することで私たちは安心感をもつことができる。その意味で不思議な存在といえるでしょう。

ご存じの方も多いでしょうが、海外から賓客を招くとき、日本は二段階のおもてなしをします。一つは日本政府の代表として首相が晩餐《ばんさん》会を催します。そしてもう一つが天皇・皇后両陛下による晩餐会です。このような二段階のおもてなしは、大統領制や共和制の国ではありえません。王室をもつ国だけができることなのです。

アメリカやロシアなど大国の大統領が貴賓として日本に招かれます。首相との晩餐会に緊張など見せない彼らも、天皇陛下の前では直立不動になります。まさにこれこそが権威というものでしょう。彼らは心から陛下を尊敬している。それがすなわち日本という国に対するリスペクトにつながっているのだと思います。

私がソニーの役員として頻繁に世界中を飛び回っていたのは二十数年前のことです。たしかにあのころは、世界が日本という国をリスペクトしていました。驚きをもって日本を眺めていた。では、現在はどうか？　世界は日本をどのように見ているのでしょうか。もちろん見る目は時代によって変わってくるでしょう。しかし、もしも日本人に対する視線が悪い方向に傾いているのだとしたら、私たちはもう一度過去に目を向けなくてはなりません。もし失ったものがあるとしたら、それを取り戻さなくてはいけない。

日本が日本らしくあるために、日本人が日本人らしい誇りを取り戻すために、いまこそ外から日本を眺める眼をもたなければなりません。本章では、世界が日本と日本人をどう見ているかを、もう一度しっかりと整理をしてみたいと考えています。それはこれまでの歴史を大切にしつつ、未来の日本をつくりあげていくために必要な作業だと考えるからです。

約束は守るものか、破られるものか

世界の大学ランキングで常にトップに入るのがアメリカのハーバード大学です。そのハーバード大学でいちばん関心のある国が日本だと現地の留学生は口を揃えていいます。ハーバード大学では一年生の春に研修旅行に参加することが通例となっています。研修先はインドやイタリアなど約十カ国のなかから選ぶことができます。その研修先でダントツに人気があるのが日本なのです。

日本は世界のなかでも技術先進国ですから、さまざまな技術を学びたいと思う学生はたくさんいます。またアニメなどの文化面にも、学生たちは大きな興味をもっているようです。日本にやってきた彼らは、さまざまな日本文化に触れて感動を覚えます。日本食の美味しさには誰もが驚きます。着物などの文化にも憧れを抱きます。また彼らのすべてを驚かせるのがトイレのウォシュレット（温水洗浄便座）だそうです。日本人の清潔さは世界が認めるものなのです。

しかし、ハーバードの学生たちが日本で感動したのは、技術や文化だけではありません。それらは来日前に知識としてある程度わかっています。彼らが実際に日本に来なければ経験することができない感動は別のところにありました。

彼らが日本で感動したのはあまりにも日常的なことでした。

「小銭がなくて困っていたら、近くにいた人が両替をしてくれた」
「携帯電話を落としてしまったのですが、交番に行くと無傷のままで届けられていました」
「お土産を買うと、とても丁寧に美しくテキパキと包装紙で包んでくれました」

など、日本に来て感動したことが数えきれないほどあります。しかも、そのどれもが、日本人ならば当たり前のことなのです。

たとえば、日本人は約束の時間を守ることを大切にします。約束の時間の五分前には待ち合わせ場所に着くように心がける人は多いでしょう。待ち合わせの相手が重要な人ならば、十分以上も前から待っているようにするものです。あらかじめ事故などで交通機関に遅れが出たりすることを想定して出かけるからです。

ところが、この時間を守るという行為は、海外では意外と守られません。私が世界中で仕事をしてきたなかで、時間感覚の違いはたくさん経験しました。もちろんビジネス上の重要な会議の時間は正確ですが、その他のプライベートの約束はけっこういい加減なのです。これは国によっても差がありますが、いずれにしても日本人くらい時間に正確な民族は他にはいないと思います。

日本人にとって、約束を守ることは当たり前のことです。時間の約束ばかりでなく、一度約束したことは簡単に反故《ほご》にはできないという感覚があります。ところが、アメリカなどでは

「約束は守られないもの」という考え方が社会の前提となっています。「約束は破られるもの」だからこそ、細部まで取り決めた契約書が必要になってくるわけです。アメリカの契約書にはほんとうに細かな事項まで記されます。日本ならば「そんなことまで書かなくてもいいじゃないか」ということまで書かれている。まあこれは文化の違いですから善し悪しの問題ではありませんが、世界の人たちは約束したことをしっかりと果たそうとする日本人に感動を覚えるようです。

外国人旅行者が感動したこととは

日本を訪れる旅行者向けのメディア『Japan Inside』の外国人記者が発信した記事がありま す。日本を訪れた旅行者が、日本の何に感動したかをまとめたものです。その内容を少し紹介したいと思います。

まずは「レストランに入ると出てくるおしぼり」です。この文化はおそらく日本にしかないでしょう。また「どのレストランに行っても、チップは必要ないし、まるでファーストクラスにいるような丁寧な接客をしてくれる」。日本の接客はほんとうに丁寧で親切です。このすばらしい接客を、時給千円のアルバイトの人たちがやっていることに、彼らはいたく驚くそうです。もしもアメリカであれば「こんな安い給料で親切な接客などできるか！」となるでしょう。

次に、治安のよさは誰もが口にします。夜の九時になっても、若い女性たちが平気で街を歩いている。駅から自宅までものんびりと歩いている。こんなことは自分の国では考えられないという外国人旅行者も多いのです。この治安のよさというのは、もちろん警察の尽力もありますが、やはり日本人がもっている道徳観が支えているのだと私は考えています。例外はあるでしょうが、ほとんどの日本人の心には高い道徳観が根づいている。それこそが「安全な国・日本」を生み出しているのです。

日本人は、仕事が一段落したときや退社するときに「お疲れさま」と声をかけ合います。これはお互いの一日をねぎらう言葉です。この「お疲れさま」を英語でいうと「You are tired.」（あなたは疲れています）となります。もちろん「お疲れさま」という挨拶はそういう意味ではありませんが、彼らにこの言葉はなかなか理解できません。しかしいったん理解すれば、この言葉のすばらしさに気づくのです。ちなみに、いちばん意味が通じる英訳は「Cheers for good work.」でしょうか。

他にも「おつりを載せるトレーがすばらしい」「紙幣がとてもきれいに使われている」「レストランではタダで水が出てくる」「留守をしていても宅配便を再配達してくれる」「雑貨店がとても魅力的」「おにぎりがすばらしい」「掘りごたつは最高！」などなど、実にたくさんの感動の声が届いています。そして、彼らが感動するどれもが、私たち日本人にとっても大切にしていかなくてはならないことです。大げさなものでなくてもいい。日常にある小さな「日本人らしさ」に目を向けること。私たちの「当たり前」をしっかりと守っていくことだと思います。

こうした日本人のすばらしさもさることながら、世界からの旅行者たちに感動を与えるのが、日本の自然が生み出す美しさでしょう。日本には「四季」があります。もちろんヨーロッパにも「四季」はありますが、日本ほどはっきりとした季節の変化はありません。「春」「夏」「秋」「冬」が織りなす日本の風景は世界に誇れるものです。この美しい季節の移ろいから、多くの文学作品が生まれたことはいうまでもありません。

そして、「四季」をいっそう楽しませてくれるのが日本独特の地形です。国土の狭い日本は、山と海が一体化したような風景を生み出しています。浜辺の狭小な平地から、すぐに切り立った山地へとつながっていく。このような風景は世界でも珍しいものです。

一昨年（二〇一九年）、私はヘリコプターをチャーターして、私が住む小田原市周辺を空から眺めてみました。海と山が隣同士のように陣取り、沿岸地域独特の景観を演出しています。「こんなに美しい街に自分は暮らしていたのか」と改めて実感させられました。日本人がこれまで育み大切にしてきた日本の原風景をなくしてはいけません。経済的な発展とのバランスを取りながら、日本らしさを大事にしていかなくてはならない。世界から訪れる旅行者の声に耳を傾けながら、改めてそう思いました。

なぜソニー茶道部の部長に任命されたか

私は四十歳のとき、ソニーの本社の部長職に任命されました。自分でいうのもおこがましいのですが、当時としては四十歳で部長というのはかなり早い昇進でした。それはさておき、私が部長に就任してからまもなく、上司に呼ばれて笑顔でこういわれました。

「君をソニー茶道部の部長に推薦しておいたから」

ソニーには昔から茶道部がありました。それは井深さんや盛田さんの時代から受け継がれてきたものです。どうして私が茶道部の部長をやらなくてはならないのか。これから忙しくなるのに。心の中ではそう思ったものです。もちろん上司はそんなことは百も承知のうえで私を茶道部の部長に推薦したのです。あまり気乗りがしない様子の私に上司はいいました。

「これから君は、世界中で仕事をしていかなければいけない。彼らにとって君は、日本人を代表するような立場になっていくだろう。そのときに、日本人の心とは何かを君自身が習得していなければ、ソニーを代表する人間とはいえないと思う」

この一言に私は納得しました。日本人の心とは何か。その答えとはまさに茶道の中に宿っています。脈々と受け継がれてきた茶道の心を学ぶことは、すなわち自分自身の内にある日本人としての心を引き出すことになる。「日本人のおもてなしの原点は茶道の中にある」。私の茶道部部長への拝命には、そんな意図が含まれていたのです。

日本人とは何か。日本人のもつ精神性とは何か。それを知るために、いまでも世界中で読まれている三冊の書物があります。岡倉天心の『茶の本』。新渡戸稲造の『武士道』。そして内村鑑三の『代表的日本人』の三冊です。いずれも明治時代に英語で書かれたもので、当時の日本の文化や日本人の特性を理解するうえで最良の参考書といわれ、時を経たいまなお世界で読まれ続けている名著です。そしてこの三冊は、いまを生きる日本人こそが読むべきものでもあるのです。この章ではこの三冊の書物を繙《ひもと》きながら、日本人とは何かをいま一度解き明かしてみたいと考えています。

この章を書くにあたって、私自身も茶道の心を問い直していました。茶道というのは、ただお茶を飲むだけの行為ではありません。招待を受けて、茶室に向かう。茶室につながる庭を味わいながら、心を静めていきます。庭園に足を踏み入れた瞬間から茶の時間は始まっているのです。

京都仙洞御所の庭に敷き詰められた「一升石」

茶室のある庭園に思いを馳せたとき、私はある人物のことが頭に浮かびました。それは庭園づくりの名手と謳われた小堀遠州《えんしゅう》（正式の名は小堀政一《まさかず》といい、江戸時代前期の大名）です。「小堀遠州の庭園を見てみたい」。そんなことを考えていたとき、私は京都仙洞御所《せんとうごしょ》を訪れる機会に恵まれたのです。

京都仙洞御所は一六二七年（寛永四年）に後水尾《ごみずのお》上皇の御所としてつくられました。仙洞というのは、仙人の住処《すみか》のことで、退位した天皇の住まいとして使われました。ちなみに、平成三十一年四月三十日に退位された上皇陛下のお住まいは「吹上仙洞御所」で、現在改修中です。

京都仙洞御所は残念ながら一八五四（嘉永七）年の火災で焼失してしまいましたが、現在も小堀遠州による庭園は残っています。この庭園は自由に拝観できるものではありません。宮内庁のホームページから参観の申し込みができるのですが、抽選でかぎられた人数が選ばれます。その抽選に私は幸運なことに当たったというわけです。

京都仙洞御所の庭園を歩いていると、池の水際に敷き詰められた丸い石に目が釘付けになりました。ちょうど野球のボールほどの大きさで、なんと十一万個も並べられているそうです。その美しい景観はまさに日本人の心根の美しさを表現しているかのようでした。

さらに驚いたのは、この十一万個の石は、我が故郷である小田原から運ばれたものでした。小田原藩第七代当主の大久保忠真《ただざね》は、一八一〇年に大坂城代、次いで一八一五年に京都所司代

京都仙洞御所に敷き詰められた11万個の「一升石」は小田原から運ばれた

に任命されます。一八一七年、時の光格《こうかく》天皇が譲位し、上皇として京都仙洞御所に移られることになりました。そこで大久保忠真は小田原藩の城下に御触れを出しました。

「同じ大きさの丸い形の石を集めてほしい。石一つに対して米一升（十合）と交換する」

この御触れに人々は驚きました。石をもっていけば米一升がもらえるのですから。人々は競って吉浜海岸や小田原海岸で石を集めました。そして集まった石の形状を吟味したうえで、真綿にくるんで京都へ運んだそうです。その逸話から、この石を「一升石」と呼ぶようになりました。

大久保忠真といえば、財政難に苦しんでいた小田原藩を改革するために二宮尊徳《そんとく》を抜擢して登用した名君です。そんな厳しい財政状況のなかでも、上皇の住まいに美しい石を献上するために多くの米を惜しみなく提供したのです。その結果、十一万個もの同じ形の丸石が集まり、京都仙洞御所の庭園を飾っているのです。

京都仙洞御所の庭園をこの目で見た帰りの新幹線の中で、私はこの章の構想をじっくりと練ることができました。

では、いまも世界で読み継がれている三冊の書物を紹介しながら、日本人のもつ精神性を解き明かしていきたいと思います。

岡倉天心『茶の本』を読み解く

一九〇六（明治三十九）年、アメリカのボストン美術館で中国・日本美術部の部長を務めていた岡倉天心が、日本の茶道を欧米に紹介することを目的で書いた本です。ニューヨークの出版社から刊行され、たちまちベストセラーとなりました。英語名は『The Book of Tea』。邦訳は天心没後の一九二九（昭和四）年に出版されました。

書名は『茶の本』ですが、茶道の作法を伝えようとしたものではありません。茶道は日本文化の中心に位置するもの。いわば日本人の心の原点です。この本では茶道を禅や道教、華道などとの関わりから広く捉え、そこにある日本人の精神性を解き明かそうとした書物なのです。

茶道の文化が、どうして形を変えることなく現代まで受け継がれてきたのか。その答えは江戸時代にあります。日本は鎖国によって長いあいだ、世界から孤立してきました。江戸時代とはまさにドメスティックな精神性と行動様式が熟成された時代でした。他国からの影響を受けることがないという特異な環境のもと、江戸時代には多くの文化が生まれました。

日本人の住居や庭、生活習慣、衣服や料理、あるいは陶磁器や漆器、絵画や文学に至るまで、この時代が育み熟成させていったものがたくさんあります。そしてすべての文化や習慣の原点となるのが茶道の精神だったのです。つまり茶道の精神を理解することなく、日本人を理解することはできない。そういっても過言ではないのです。

ちなみに、江戸末期の人口は三千二百六十二万人です。その内訳は、農民が全体の八四％、武士は七％、町人（工人・商人などの庶民）が六％。そして公家と僧侶が三％という構成でした。茶道をはじめとした文化を生み出してきたのは町人たちです。歌舞伎や浄瑠璃、生け花や踊り、浮世絵に至るまで、わずか一〇％にも満たない町人たちが大衆文化を生み出したのです。

当時の身分制度から見れば低い地位にあった町人ですが、子どものころから寺子屋で学んでいたので、それなりの知識と教養を身につけていました。そんな民意の高さが、茶道という文化を継承する力となっていたのです。

茶道といえば千利休です。長い茶の湯の歴史のなかでも、千利休が茶道の大成者であることは誰もが認めるところです。すなわち日本人の「おもてなしの心」の原点こそ千利休なのです。

日本の「おもてなしの心」とは、欧米の「サービス精神」とはまったく別物であると私は考えています。欧米の「サービス」とはあくまでも一方的で型通りのものです。マニュアルに書かれている行動規範とでもいえるでしょうか。しかし、日本の「おもてなしの心」には型通りの規範はありません。そこにあるのは「おもてなし」をする側と「もてなされる」側の心のやり取りとでもいうべきものなのです。

千利休の「おもてなしの心」を繙く二つのエピソードを紹介しましょう。

千利休を寵愛《ちょうあい》していた豊臣秀吉は、たびたび利休の茶室に足を運んでいました。あるとき秀吉は、利休の屋敷の庭に美しい朝顔が咲いているという噂を耳にします。早速、家来に見に行かせると、たくさん咲いていたとの報告を受けます。当時、朝顔は珍しい花でしたので、秀吉は見たくてたまりません。すぐに利休に使いを出し、早朝の朝顔を見に行くことにしました。ところが、屋敷の庭を見回すと、一輪の朝顔も咲いていない。楽しみにやってきたのに朝顔を見ることができず、秀吉は腹を立てました。

その様子を見た利休は秀吉を茶室に案内します。茶室に入った秀吉が目にしたのは、床の間に飾られた一輪の赤紫色の朝顔でした。利休は、たくさん咲いていた朝顔のなかから、もっとも美しい一輪を茶室に活け、他はすべて切り取ってしまっていたのでした。花との出合いも一《いち》期一会《ごいちえ》。庭にたくさん咲いている朝顔よりも、たった一輪の朝顔のほうが心に染み入るだろう。そう思った利休なりの「おもてなし」だったのです。このみごとな「おもてなし」に秀吉はいたく感動したといいます。

これは万人に通じる「おもてなし」ではありません。なかには「朝露に濡れた朝顔の大群を見たかった」という人もいるでしょう。利休の「おもてなしの心」が伝わらない人もいる。その意味で、利休の心を受け止めた秀吉もまた粋人だったのです。

もう一つのエピソードです。あるとき利休が弟子にいいました。

「今日は客人が来るから、庭をきれいに掃除しておいてくれ」

弟子はさっそく箒《ほうき》をもち、散っていた落ち葉をきれいに掃きました。丁寧に水を打ち、庭から茶室に至るまでの経路はすっかり美しくなりました。

そこに利休がやってきて、少しのあいだ掃き清められた庭を眺めていた。すると利休は、掃き出された落ち葉を数枚拾ってきて、さっと庭に撒《ま》いたのです。「せっかくきれいに掃いたのに」と弟子は思いました。その弟子に利休はいいました。「一枚の葉も落ちていない秋の庭はなんと不自然であろう。少々の落ち葉があるほうが自然でよいものだ」と。

庭に落ちている数枚の落ち葉にこそ季節感が宿っている。落ち葉のことを汚れたものと見なすか、それとも季節を表現するすばらしいものと見なすか。これは、もてなされる側の力量が問われているのです。

「おもてなし」とは一方的なものではありません。もてなす側の心と、もてなされる側の心が共鳴してこそ、すばらしいものとなっていく。『茶の本』に記されていることはそのような日本人の心なのです。

新渡戸稲造『武士道』を読み解く

新渡戸稲造が英語で書いた『武士道』(『BUSHIDO：The Soul of Japan』)は、一九〇〇(明治三十三)年にアメリカのフィラデルフィアの書店から出版されました。札幌農学校(現・北海道大学)の教授の職にあった新渡戸が体調を崩し、アメリカのカリフォルニアで療養中に書き上げたものだそうです。

本書はたちまちベストセラーになり、フランス語やスペイン語にも訳されます。時のアメリカ大統領のセオドア・ルーズベルトは徹夜で読みふけるほどの感銘を受けたといいますし、ジョン・F・ケネディー大統領やボーイスカウトの創立者であるロバート・ベーデン・パウエルなども本書から日本の精神文化を学んだといわれています。ちなみに邦訳の出版は日露戦争後の一九〇八年のことでした。

「勇」「仁」「礼」「誠」「名誉」「忠義」といったサムライの中に宿る精神。それらは欧米諸国から見れば不可思議なものでもあり、なかなか理解に及ぶものではありませんでした。そこで新渡戸稲造は、この日本人独特の精神を西洋人にもわかりやすい表現で伝えようとしたのです。

日本人の精神性とは、「忍耐強さ」であり「連帯感」であり、そして何よりも「誠実さ」と「他人をおもいやる心」である。これらが日本人の強靭な精神を生み出しているのだと説いたのです。

「武士道」というのは、おそらく江戸時代に生まれた概念だと思われます。江戸時代は厳しい階級社会であり、いちばん上に位置していたのが武士でした。当時の支配階級である武士が心がけるものとはいかなるものか。

「文武両道の鍛錬を欠かすことなく、自分の命をもって徹底責任をとる」

この覚悟をもっているのが武士であるという考え方が江戸時代に根づき、やがてそれが「武士道」と呼ばれることとなったのです。

実は江戸時代には「武士道」という言葉は一般的に使われていませんでした。新渡戸稲造が書いた『武士道』から世界中に広まったのです。日本人にとっては、武士道の精神は当たり前のものです。あえて口にしなくても、誰もがこの精神を理解し、それを身につけることを目指してきました。しかし日本人はわかっていても、海外の人にとってはわからない。そこで新渡戸稲造はこの言葉を使ったのではないかと私は考えています。実際に「武士道」という言葉は、一九〇〇年以前の辞書には載っていません。

ただ、私たちが「武士道」という言葉を聞いて頭に浮かぶのが、「武士道と云《い》うは、死ぬ事と見付《みつけ》たり」という有名な一文です。『葉隠《はがくれ》』に出てきます。これは佐賀鍋島《なべしま》藩士の山本常朝《つねとも》の談話を田代陣基《つらもと》が筆記し、江戸時代中期の一七一六年ごろに完成させたもの。後年、この一文は「武士というのは目的達成のためなら死をも恐れない」といった解釈がされましたが、山本常朝はけっして死を恐れるなといっているわけではありません。

この言葉の真意とは、「自己中心的な判断をしてはならない。最良の判断とは、自分を捨てたところ、すなわち自分は死んだも同然であるという心になってすることである」ということであり、「毎朝毎夕、常に死を覚悟してさえいれば、武士道が自分のものとなり、一生落ち度なく奉公できるものだ」という主君に対する奉公の心得を説いたものです。

今流にいえば、自我を捨て、欲望を排除し、常に他者のために尽くすという心構えをもてということかもしれません。

自我と我欲を捨てた境地。ここにこそ武士道の本質があるのです。そしてその精神は「和の精神」へとつながっていきます。自分のことよりもまずは周りのことを考えるという心持ち。

これが日本社会の根底に流れているのです。個人の尊厳が優先される欧米では、なかなか理解されないかもしれません。

さらに武士道を理解するうえで重要なことがあります。江戸時代には、武士の子弟は厳しい教育を受けていました。剣術や乗馬はもちろんのこと、座学においても書道や道徳、漢書籍や歴史も学んでいました。ところが、武士の子弟に学ばせなかった教科が一つあります。それが算術です。

どうして武士は算術を学ばないのか。それは、武士たるもの金銭のことに思いを寄せてはいけないという考え方があったからです。お金に目がいくようになれば、要らぬ欲望も生まれてくる。損得勘定で物事を判断するのは下品なことだ。いわば「富は知恵を妨げる」という価値観が根づいていたのです。

武士道の精神は、現代にも受け継がれていると私は思っています。現代の言葉でいうならば、「金銭を得ることで尊敬を得ることはできない。金銭に溺《おぼ》れる者は人々の上に立つことはできない」。そういえるのではないでしょうか。

もちろん現代社会において経済は大切なものです。経済的な基盤がなければ生活は成り立ちません。しかし、経済だけが私たちの幸福を生み出しているのではありません。自分の欲望を満たすことだけを考える人間のところには人は集まってはきません。まずは周りの人のことを考え、次に自分のことを考える。それが日本人の美しさなのです。

この美しい精神をなくしてしまったとしたら、悲しむべきことです。いかに時代と社会は変わっても、変えてはいけない心があります。いまこそ私たちは、新渡戸稲造の『武士道』を読まなくてはいけないのかもしれません。

内村鑑三『代表的日本人』を読み解く

一八九四(明治二十七)年、民友社より刊行した英語文の『Japan and the Japanese』が最初で、その後、一九〇八(明治四十一)年に『The Representative Men of Japan』と改題して警醒《けいせい》社より刊行されました。明治二十七年といえば、日本が大国の清と戦っているさなかのことで、内村は、日本の精神性の深さを世界に伝えるために、五人の偉人を取り上げました。それが日蓮上人、中江藤樹《とうじゅ》、上杉鷹山《ようざん》、二宮尊徳、西郷隆盛です。

日蓮上人は鎌倉時代中期の僧侶で、日蓮宗を開いた人物です。

中江藤樹は江戸時代初期の儒学者で、「日本陽明学の祖」と称される人物です。

上杉鷹山は江戸時代中期の屈指の名君です。出羽国《でわのくに》米沢藩の第九代藩主を務めた人物で、領地返納の危機にあった米沢藩をみごとに立て直しました。

二宮尊徳(通称は二宮金次郎)は小田原の農家の息子として生まれ、地域のために骨を惜しまず働き、農民でありながら幕臣まで上り詰めた人物。我が故郷の自慢の偉人です。

西郷隆盛は江戸時代後期の武士。坂本龍馬の仲介によって薩長同盟を締結。江戸城の無血開城を成し遂げた明治維新の立て役者の一人です。

内村鑑三はこの五人の生まれや育ち、考え方や行動について紹介していますが、単なる人物紹介ではありません。この五人の生き方を通して、利己心を捨てて他人に誠意を尽くす生き方を知らしめようとしました。この五人の生き方のなかにこそ日本人の誇りと伝統精神が宿っているのだと。

この書物に関しては拙著『出でよ、地方創生のフロントランナーたち！』（二〇一七年、PHP研究所）で詳しく紹介していますので、興味のある方はご一読ください。

さて、明治時代に書かれたこの名著は、いまも読み継がれています。欧米を意識して書かれた書物ですが、日本においてもこの本の輝きは色褪せることはありません。いまの時代、この書物を読んだ人たちはどのように感じたのでしょうか。そこでネットの情報ではありますが、『代表的日本人』のブックレビューをいくつか紹介したいと思います。

「五名の日本代表の生き様から、時代の中でリーダーシップを取る者の共通点をみた。それは誠実であること、家族を大切にすること、他人を信じ自分を信じ、ただ奢らず謙虚であること。信念を貫くこと。師と仰ぐ者や思想があること」

「個人的に二宮尊徳は薪を背負って本を読んでいる銅像しか知らず、具体的に農地・農政の改革をした人だとは知らなかった」

「上杉鷹山→節制と真心。すべての学問の目的は徳を修めることに通ずる。二宮尊徳→忍耐信念勤勉。自然はその法に従う者には豊かに報いる」

「おぼろげに知っている偉人たちを違った内村氏ならではの視点で理解できてとても楽しく読めた。最近は嫌な世相だが、日本は捨てたもんじゃないな」

「グローバルな世の中になりましたが、真面目に徳を積む日本の心を大切にしたいと思いました」

「戦後、米国的な思想がさらに取り入れられたことで、現代の日本人に『これでよいのか日本人？』と問われた気がする」

「みんな神や自然や天というものを信じて行動している。それがつまり日本人ということなのかな」

「日本人の美徳を代表する五人。無欲で高潔で、一貫した揺るがぬ信念をもっている」

「本書の内容は現代日本人の忘れかけていた日本人としての自負すべきものを再認識させ、国や民の生活、また自らの思想のために戦った姿を想起させるようなものである。過度な日本崇拝に偏らぬよう一歩引いた視点で読むことを勧めるが、それでも愛国心や矜持を意識しなくなってしまったこの時世、得るものが多い一冊といえよう」

どの感想も的《まと》を射たものだと思います。とくに最後に紹介した感想は、現代の日本人に一石を投じたものではないでしょうか。ここに紹介した三冊の書物から教えられることは多くあります。あくまでも欧米諸国向けに書かれたものではありますが、いまこそ私たち日本人が読むべき本ではないかと私は考えています。

さらに、日本人の精神性を知るうえで忘れてはならない一冊があります。それはルース・ベネディクトが戦後まもなくの一九四六年に著した『菊と刀』（原題：The Chrysanthemum and the Sword: Patterns of Japanese Culture）です。

アメリカの文化人類学者であるルース・ベネディクトは、コロンビア大学の助教授時代、第二次世界大戦の参入にあたり、アメリカ軍の戦争情報局に召集されます。一九四二年より対日戦争および占領政策に関わる意思決定を担当する日本班チーフとなり、このときにまとめられた報告書『Japanese Behavior Patterns』（『日本人の行動パターン』）を基に『菊と刀』を執筆します。菊を愛《め》でる優しい精神と、刀を振るって相手を斬るという残忍さ。どうして相反する精神性を日本人はもっているのか。はたして日本人の精神性とはいかなるものなのだろうか。そうした研究をまとめたのが『菊と刀』でした。

研究を重ねていくなかで、ベネディクト女史は多くの発見をします。そして彼女は日本のことをこう記しました。

「義理と人情を重んじ、伝統を愛する国。勝ち負けにこだわることをせず、相手に対する敬意と自らの名誉を大事にする国である」

とても難解な書物ではありますが、日本人として読んでおかなくてはならない一冊であると私は思っています。

世界一のハーバード大学に学ぶべきこと

新型コロナウイルスの蔓延により、自宅で過ごす時間が圧倒的に増えました。私自身、毎日のように全国各地や海外を飛び回っていた生活が一変してしまいました。自粛生活は窮屈なものですが、これを逆手にとって、私は以前に感動した映画を観直したり、時間がなくて読むことができなかった書物と向き合うことにしたのです。

たとえば、『坂の上の雲』という小説があります。司馬遼太郎によって書かれた昭和の名作の一つです。明治維新前夜から始まり、日露戦争の勝利に至るまで、まさに近代日本の勃興期を描いた作品です。これは二〇〇九年から二〇一一年まで足かけ三年にわたりＮＨＫがテレビドラマとして放映しました。このＤＶＤを私は十八時間かけて再度鑑賞することにしたのです。そして、作品にまつわる関連書籍も数多く読みました。

本章の冒頭にも書きましたが、日露戦争の勝利は世界中に驚きをもたらしました。東洋の片隅にある小さな島国が、大国ロシアに勝利したのですから、その驚きはたいへんなものだったのでしょう。いったい日本とはどういう国なんだ。そんな声が世界中で聞かれたことと推察します。

この戦争で実際に戦ったのは、陸軍や海軍の軍人たちですが、実は水面下で勝利に導いた文人がいました。それが金子堅太郎です。金子は大日本帝国憲法や皇室典範の起草に関わった法律のプロで、農商務大臣や司法大臣を歴任した政治家です。彼は、日露戦争が勃発すると、伊藤博文に請われて渡米します。目的は、アメリカに対して日本の立場を説明するためでした。

時のアメリカ大統領であったセオドア・ルーズベルトのもとを訪れた金子は、この戦争に対する日本の立場を説明し、理解を求めました。そして全米を講演して回ります。

「日本は領土拡大の野心のために戦うのではありません。ペリー提督がもたらした門戸開放のために戦っているのです。将来は世界みな兄弟という東洋西洋の聖教の本旨を実現させる希望を日本は抱いています」

ところで、なぜ金子はルーズベルトに会えたのか。アメリカの国民に英語でスピーチができたのか。実は金子はかの有名な岩倉使節団（一八七一年＝明治四年）に同行した福岡藩主・黒田長知《ながとも》の随行員としてアメリカに留学していたのです。しかも、初めは小学校で英語を学ぶレベルでしたが、あっという間に中学校に飛び級、さらに中学校を中退してハーバード大学ロースクールに合格してしまうほどの頭脳の持ち主でした。このハーバード大学在学中に、大学のOBであるルーズベルトと面識を得るのです。

さらに金子は日露戦争後のポーツマス会議が暗礁に乗り上げたときも活躍します。当時の外相であった小村寿太郎から依頼を受けた金子は、再びルーズベルトのもとを訪れ、講和条約締結への援助を求めました。実は小村と金子はハーバード大学時代、同宿して勉学に励んだ仲だったのです。金子と小村とルーズベルト。このハーバード大学のOBたちが日露戦争を終結させたといっても過言ではないでしょう。

ここに世界ナンバーワン大学としてのハーバードの姿を見ることができると私は考えています。アメリカにある大学ですが、学生や教授陣は世界中から集まっています。私もソニー時代に「ボストンプロジェクト」に取り組んでいるとき、何度かハーバード大学を訪れたことがありますが、そこには真のグローバルの風が吹いている感覚を覚えたものです。

日本にも東京大学や京都大学という世界に誇る大学がありますが、やはりグローバルという点ではハーバードには敵いません。では、東京大学とハーバード大学では何が違うのでしょうか。

それは入学試験のやり方に表れています。日本の大学は、要するに試験でよい点数を取れば合格するというシステムです。これはとても平等なシステムですが、考えてみれば高校生の後半から一生懸命に受験勉強をすれば成績は上がります。小学校や中学校の成績など関係はありません。ところが、ハーバード大学の受験には一発勝負がありません。中学校から高校に至るまでの成績が重要視されるのです。日本でいうなら、中学校三年生から高校三年生までの成績を五段階に直し、その平均点が四・七以上でなければ受験できない。簡単にいうと「オール五」の学生だけが受験を許されるというわけです。したがってハーバードの受験には日本のような一斉のペーパー試験がないのです。「エッセイ」と呼ばれる小論文が重視されます。さらには高校時代にどのようなボランティア活動をしてきたかも重要な評価対象になります。

要するに、いまの時点でどれだけよい点数が取れるかということでなく、卒業して社会に出てからどれだけ力を発揮することができるか。世界にどんな貢献をすることができるか。それが合否の判断になっているのです。

こうしたハーバード大学の考え方を日本でも学ぶべきだと思います。ソニー時代、海外に出かけるたびに、優秀な大学生たちの意識の高さに驚かされました。ソニーという企業に関心を抱いている学生も多く、私がソニーの責任ある立場だと知ると、臆することなくさまざまな質問を投げかけてきました。彼らの目は輝きに満ちていました。彼らは大学でグローバルな視野をしっかりと身につけようとしている。そう感じたものです。
ハーバード大学のWebサイトには、選考時に入試管理委員会が着目する項目が書かれていますので、一部抜粋して紹介します。

《成長と潜在能力》
- 学業や仕事、その他の活動に精一杯取り組んできたか？
- いままでどのように時間を使ってきたか？
- 率先力はあるか？　モチベーションは何か？
- まだ余力はあるか？
- 一年後、五年後、二十五年後はどこにいるか？　そこで周囲に何か貢献しているか？

《興味と活動》
- 知的、課外的、個人的なことで深く気にかけていることがあるか？
- 興味あることから何を学んできたか？　興味をもったことに対して何をしてきたか？
- どのような成果を収めてきたか？　成功したこと、失敗したことから何を学んだか？

・課外活動、スポーツ、コミュニティ、家族への貢献において、機会を最大限に活かすことができたか？
・活動の質に関して、本物の貢献やリーダーシップの役割を果たしたか？

《性格と個性》
・大器晩成タイプか？
・新しい考え方や人に対し、どれだけオープンか？
・どのような成熟度、性格、リーダーシップ、自信、性格の温かさ、ユーモアのセンス、エネルギー、他への関心、プレッシャーのある状況下での品性をもっているか？

このような視点にかない、合格した雅子皇后陛下は、経済学部を優秀な成績で卒業されたのはみなさんご存じの通りです。ビジネス界では楽天の三木谷浩史会長兼社長やサントリーホールディングスの新浪剛史《にいなみたけし》社長が有名です。

ハーバード大学でいちばん人気があるのは日本研究

さて、そのハーバード大学で、いまもっとも人気のある研究対象が日本なのです。つい半世紀ほど前までは、欧米諸国の大学機関で日本という小国に関心をもつところなどありませんでした。アメリカにとっても日本は果てしなく遠い国で、近いのは世界の歴史をつくってきたヨーロッパです。古くはギリシャやローマの時代から大航海時代や産業革命まで、重層なる歴史や文化を学びたいと考えるのが普通でした。ところが近年、アメリカの大学では日本研究が盛んに行われるようになりました。そのきっかけはトヨタ自動車をはじめとして、ソニーやパナソニックなど世界的企業の研究でした。いかにして日本企業はすばらしい商品を生み出すのか。そのノウハウに注目が集まったのは当然のことだと思います。

最初はそのノウハウを学ぼうと始めた研究ですが、やがて彼らがもっとも注目するようになったのが「仕事に対する日本人の考え方」であるといいます。「お金で人は動かない」「人を大切にする心」といった日本人の本質に彼らは大きな学びを発見するのだといいます。

ハーバードの学生たちがどうして日本を研究対象とするのか。それは日本が育んできた精神性へのリスペクトであると私は考えています。西洋の文明は、高い理想を掲げてはいますが、その本質を見れば結局は権力とお金を追い求めてきたといえるでしょう。一言でいってしまえば、権力を握った者が勝ち。財産を築いた者が幸福を得ることができるのだと。

ところが、日本ではそういう価値観はありません。長きにわたる歴史の中で、日本人は互いに助け合いながら生きてきました。菅総理のスローガンではありませんが、「自助」「公助」

「共助」です。自分の力で立つ努力をする。自分だけでは足りないものは公が力を貸す。そしていちばん大切にしてきたのが、互いに支え合うという共助の精神でした。この共助の精神こそが、いま世界が目指そうとしている「ＳＤＧｓ」「よき地球市民」ということになるのではないでしょうか。自国のことだけを考えるのではなく、いかに世界の人々が共存していくか。本来のグローバルの目的はそこにこそあるのだと思います。そして、そのことにハーバードの学生が気づいたからこそ、彼らは日本研究に心を尽くしているのです。

彼らが手本にしようとしている日本人の心。果たしてその美しき心をいまの日本人はしっかりと受け継いでいるでしょうか。西洋文化の拝金主義に陥ってはいないでしょうか。物欲の虜《とりこ》になっていないでしょうか。

「勝ち組」「負け組」という言い方をよく耳にするようになりました。「勝ち組」とは何なのでしょうか。お金がたくさんあれば勝ちなのでしょうか。少ししかお金がなければ人生は負けなのでしょうか。ただ単にお金をたくさんもっているというだけで、ほんとうにその人は尊敬されているのでしょうか。

幸せとはそういうことではありません。そして人生に勝ちも負けもありません。それは日本人が育んできた精神とはまったく違うものです。もしかしたら、日本研究をしなければならないのは、私たち日本人自身なのかもしれません。

企業の事例研究の定番はトヨタ、ホンダ、ソニー

ハーバード大学で盛んに研究がなされてきた日本企業は、トヨタ、ホンダ、パナソニック、そしてソニーといった世界的な企業です。その企業をつくった豊田喜一郎、本田宗一郎、松下幸之助、井深大、盛田昭夫もハーバード大学では研究対象とされてきました。

日本の経営者に共通する哲学があります。それは「企業は人がつくる」という価値が徹底されているということ。企業の実績を上げようとするとき、欧米では社員の賃金を上げるという発想をします。要するにお金で人間を動かそうとするわけです。しかし、日本にはこうした発想はありません。もちろん賃金を上げることはどの経営者も当然のように考えていますが、それで社員のやる気を引き出そうとは考えていません。お金などで人間は動くものではないという信念をもっているからです。これは日本人の国民性もあるでしょうが、この「お金で人間を動かすには限界がある」という経営哲学を、ハーバードでは大真面目に研究しているのです。

さらにいうなら、いかに経営者と労働者の気持ちが一体になるか。経営側の人間はただ指示を出すだけではなく、現場の人間とともに問題解決にあたっていく。そういう日本流の経営手法を学ぼうとしているのです。

たとえばトヨタでは「プロブレム・ファースト」が浸透しています。プロブレム、つまり問題があれば、初めにそれを伝えること。話の最初は問題点の共有から始めること。こういう風

土が定着しています。これにアメリカ人は驚くのです。アメリカでは、まずは上司によい知らせを報告します。そして喜ばせたあとで、問題点をさりげなく付け足して報告する。これでは問題の解決に時間がかかってしまいます。まず初めにやるべきことは、耳が痛くても悪い報告から伝えることなのです。この方法はソニーでも当たり前のように実行しており、「バッドニュース・ファースト」と呼んでいました。

ハーバード経営大学院教授のウイリー・C・シー氏は、「テクノロジービジネス」を教える授業でソニーの事例を取り上げています。

「ソニーのV字回復の要因は？　事業ポートフォリオの組み換えに成功したソニーの収益を支えているのは、ゲーム&ネットワークサービス、金融、半導体である」

しかし、ここにたどり着くまでに、苦しい時代があったことも確かです。とくに半導体センサービジネスの成長には目を見張るものがあります。長年の投資の成果が出てきたのだと思います。ソニーは過去三十年以上にわたってイメージセンサーに投資し続けてきました。ソニーにはビデオカメラ、カメラを製造してきた長い歴史があり、他社に負けない新製品を出し続けるためにも、この分野に投資を続ける必要がありました。それが功を奏したのだと分析しているのです。

このようにアメリカと日本の企業では、さまざまな点で違いがあります。もちろんアメリカの企業に学ぶべきこともたくさんありますが、企業の支柱となる哲学に関しては、どうやら日本に分《ぶ》があるようです。

ハーバード大学が注目する二つの事例研究

さて、こうした世界的企業の研究は昔からハーバードではなされてきましたが、近年注目を集めている日本研究の材料が二つあります。

一つ目はJR東日本テクノハートTESSEIという清掃会社の事例です。新幹線が東京駅のホームに入ってきて、すべての乗客が降りたあと、一斉に清掃活動をするスタッフがいます。新幹線のホームできちんと整列している姿を見たことのある人も多いでしょう。

新幹線が東京駅に到着してから再び出発するまでの時間はおおよそ十二分です。乗り降りの時間を考えれば、車内を掃除する時間はわずか七分しかありません。原則的には一つの車両を一人で清掃をします。七分のあいだに、車内に落ちているゴミを拾い、座席を回転させて、窓とテーブルの拭き掃除をします。床の拭き掃除はもちろん、背もたれのカバーを新しいものと交換し、椅子の下や荷棚の忘れ物もチェックする。この一連の作業をたった一人でこなしているのです。一チームは二十二人編成。一チーム当たり一日に二十本もの新幹線を清掃する。この完璧な作業に世界の人々は驚きを隠せません。流れるように清掃をしている姿は美しく、まるで劇場のパフォーマンスみたいだと称賛されているのです。どうしてこのような美しい作業が日本人はできるのだろう。彼らには不思議でならないのです。

しかし、世界から称賛される作業は、初めからできたわけではありません。かつてはもっと時間もかかり、効率的でなかったといいます。「テッセイ」の清掃作業はなぜ進歩したのか。それは経営者の努力にありました。二〇〇五年にこの会社の役員に就任したのが矢部輝夫さん（現・合同会社「おもてなし創造カンパニー」代表）。矢部さんはＪＲ東日本で安全対策の専門家として活躍してきた人です。運輸部長や指令部長の職も歴任した、いわばＪＲのエリート社員です。その矢部さんが、まるで畑違いの清掃会社の取締役経営企画部長に就任することになりました。望まない異動ではありましたが、すぐに矢部さんは発想を転換し、なんとかしてこの仕事をやりがいのあるものにしようと考えたのです。

当時の清掃員たちのなかには、仕事へのコンプレックスを抱えた者が多くいました。清掃の仕事なんて底辺の仕事だ。とても人にいえるような仕事ではない。そういう根性が染みつき、実際に離職率も高かったそうです。

古参の女性社員は、あるとき子ども連れの母親がこういっているのを聞いたそうです。

「ほら、お母さんのいうことを聞かないと、あんな人になるわよ」

この一言はとてもショックだったそうです。一生懸命にやっている自分の仕事を世間ではそんなふうに見ている。悲しくなる言葉でした。

役員に就任した矢部さんは、まずはスタッフが誇りをもって働けるようにしなければならないと考えました。そこで自ら現場に入り、スタッフとともに清掃業務について膝《ひざ》を突き合わせて話し合ったのです。本社から指示されるままの仕事をするのではなく、自分たちが改善していかなくてはいけない。現場を知っているのは自分たちだ。どうすればもっと効率的な作業ができるのか。どうすればもっと世間の人たちから感謝されるような仕事にできるのか。そうして誕生したのが「新幹線お掃除劇場」でした。

いまや彼らの掃除業務は、東京駅の名物となっています。パリッとした清潔なユニフォームを着て、ホームで新幹線が入線してくるのを待っている姿は、とても凜々《りり》しいものです。そこには「しょせん自分たちは清掃員だ」という空気はありません。車内を清掃する姿を見ると、仕事に誇りをもっている姿がビンビンと伝わってきます。矢部さんはスタッフの給料を上げたわけではありません。彼が上げたのは、まさにスタッフのモチベーションだったのです。

ハーバードで注目されているもう一つの日本研究は、福島第二原発を窮地から救ったチームです。二〇一一年に起きた東日本大震災で被災した福島第二原発の惨状は世界中が注目しました。それは世界が経験したことのない未曾有の大惨事でした。

福島第二原発を襲った津波の高さは九メートルで、浸水は建屋の一部に留まりましたが、原子炉冷却用海水ポンプ四基中三基が一時危険な状態に陥ったのです。津波のため、原子炉の除熱に必要な海水ポンプ三基と、それらの電源が海水に水没したわけです。

当時、福島第二原発を指揮していたのが増田尚宏《なおひろ》所長。原発のスペシャリストではありますが、その増田所長さえもが経験したことのないような緊急事態でした。このまま放置していればたいへんなことになる。もしもメルトダウンを起こしてしまったら、東日本全体に甚大な影響を及ぼすことになる。ここを守ることができるのは、いまこの場にいる自分たちしかいない。しかし、ここにいる誰もが経験したことのないことが起こっている。自分はリーダーとして何をなすべきなのか。電話の向こうから聞こえてくる指示などを気にしている時間はない。自分たちが命を懸けてここを守らなければならない。

スタッフのなかには、震災によって家族を亡くした者もいました。それだけでなく、もしかしたら自分たちの命さえもここで尽きるかもしれない。チームの誰もが死を予感していたといいます。

増田さんはスタッフを集めていいました。

「現在は危機的な状況です。私自身も、この先どうなるかわかりません。この状況を打開するためには私一人の力では到底およばない。どうかみなさんの知恵を貸してほしい。みんなの力でこの状況を乗り越えましょう」

増田さんのこの言葉によってスタッフ全員の心が一つになりました。この危機的な状況を乗り越えるには、積み上げてきたマニュアルだけでは通用しない。マニュアルには書かれていないもの。困難に立ち向かう人間の覚悟こそが求められるのです。そして増田さんはみごとにスタッフの覚悟を引き出したのです。

幸いにも、外部からの高圧電源の一回線が生きており、原子炉の温度、圧力や水位などの把握は可能でした。しかも、地震が土・日曜日であれば当直など四十人ほどしか現場にいなかったのですが、三月十一日は金曜日で約二千人が働いていました。そこで、総延長九キロメートルに及ぶケーブルを人力でつなぎ合わせて仮設電源を確保し、事故四日後の三月十五日にはすべての原子炉が「冷温停止」状態となり、安全停止に至る対処が行えたのです。

この福島第二原発の事例は、アメリカ原子力規制委員会やアメリカ国務省からも高く評価されました。アメリカが評価したのは、原発を危機から救った具体的な行動だけではありませんでした。彼らが心から称賛したのは、現場の作業員たちの命を懸けた行動力と志の高さだったのです。

ハーバード大学で注目されているこの二つの研究材料は、日本人の誇りであるとともに、未来の日本を支えてくれる魂ではないかと私は考えています。

余談ですが、ハーバード大学では日本の映画も授業として取り上げ、日本映画のもつ世界言語性を探求しつつ日本という国の歴史や文化を学ぶ機会としています。黒澤明監督の『用心棒』や『羅生門』、小津安二郎監督の『非常線の女』や『秋日和』、宮崎駿《はやお》監督の『天空の城ラピュタ』や『もののけ姫』、北野武監督の『HANA―BI』などです。

たとえば、黒澤監督作品の評価が高いのは、カメラの使い方、俳優の動きから、風の効果まで計算し尽くされており、映画の中に映っているものにはすべて意味があるからです。

そのため、「映画が芸術だというのはこういうことだったのか」「これが映画の本質だったのか」とみなが感嘆しているのです。

また、アニメ映画のよさは、一般的に実写よりも文化の壁を越えやすく国境を越えて愛されることにあります。アニメは登場人物が住んでいる場所や時間を観客の想像で決めることができるので、物語の世界の中に入り込みやすいのです。

日本の強みは日本人そのものだ

日本の強みとは何か。どうして日本は戦後の経済発展をなすことができたのか。ハーバード大学の教授は、その要因を一応に優れた経営者によるものだと指摘しています。ハーバード大学で長く日本研究に携わるある教授はこういいます。

「日本が経済成長を遂げたのは、清廉《せいれん》で謙虚なリーダーがいて、彼らが正しい価値観で社員を正しく導いたからだ」

このような日本の経営者に対する高い評価は世界中で認められています。もちろん数多《あまた》の志あるリーダーが日本を牽引してきたのは間違いありません。しかし、日本が経済発展を成し遂げたのは、経営者の力量だけではなかったと私は考えています。日本経済を牽引してきたのは、いうまでもなく製造業でした。そして、この製造業を支えていたのは現場で働く人々でした。当たり前のことです。いくらすばらしい経営者がいたとしても、いくら管理職たちが優秀であったとしても、現場で働く人間の頑張りなくして成果は生まれません。日本経済を支えてきたのは、汗や油にまみれながら仕事に励む現場の人なのです。

日本人は工夫をすることに長《た》けています。いわれたことだけをこなすのではなく、さらによいものを生み出すために自らが創意工夫をしていく。常に改善していくという発想をもっているのです。

工場の現場での仕事は、単調でつまらないものと捉えられがちです。自分に与えられた工程をこなしていればいいと。しかし、日本人はそうは考えません。自分の工程だけでなく、次の工程の人がやりやすくするためにはどうすればいいかを考えている。それはつまり、日本人のＤＮＡである「和の精神」なのでしょう。私は多くの海外の現場を視察してきましたが、やはりアメリカの工場などでは自己中心的な考え方があるようです。自分に与えられた仕事さえすればいい。他人のことなど考える必要はなく、自分の仕事さえうまくいけばいい。そこに積極的な改善や工夫は見ることはできません。これはもうお国柄としかいいようがないのでしょう。

作業や仕事そのものは個人的なものではあるけれど、仕事とは仲間たちとのつながりでなしていくもの。日本人の心にはそういう他人への思いやりが根づいているのだと思います。共に働く仲間を大切にする心。その心こそが日本企業の最大の強みではないでしょうか。

「日本資本主義の父」といわれ日本経済の発展に貢献した渋沢栄一が、新しい日本を立ち上げていく過程で研究したのは、欧米や中国の思想のみでなく日本の歴史と日本人でした。

現在、日本政府も日本企業も積極的にグローバル化を推進していますが、グローバル化とは英語やローマ字をたくさん使ったり、西洋かぶれになったりすることではありません。まずは日本や日本人のことをしっかり理解し自覚することです。

生まれもったゲノム配列は変えられないし、文化的な影響も簡単には変えられませんので、日本人である特長をうまく活かして、人生百年時代を生きていくことです。

ところで、日本は世界一の長寿企業大国であり、江戸時代から続いている会社が三千社以上もあることをご存じですか。

我が地元の小田原市にも創業六百五十年の外郎《ういろう》家や創業百五十六年の鈴廣蒲鉾《すずひろかまぼこ》などが立派に

存在し、地域企業の羅針盤になっています。

江戸時代は鎖国により海外との貿易や藩間の移動が制限されていたので、城下町を中心にローカルビジネスがたくさん育成されました。一般的に長寿企業はテクノロジーや文明が進歩しても変わらないものをビジネスにしています。たとえば、日本でも刀や着物を商売にしていたお店は廃《すた》れましたが、食文化は大きく変わることがないので、お餅や羊羹《ようかん》などの商売は存続し、地域社会と密接な関係を維持しています。

雇用や製品を生み出すことによって地域経済に貢献し、地域の人々はその会社の製品を購入することによって企業を支えている構図があります。これからの時代、IT、金融、エレクトロニクスなどであればグローバル化するメリットはありますが、ローカルビジネスもまた重要です。国の雇用を支えているのは地域ビジネスであり、長い時間をかけて育ててきた職人や社員の技術を大切にするなら、ローカルのままでいたほうがよい企業もたくさんあるのです。

さらに日本人がもっている強みは高い美意識ではないでしょうか。アップルの創業者であるスティーブ・ジョブズ氏は大の日本贔屓《びいき》でした。イッセイ・ミヤケの洋服を愛用し、日本食を愛し、幾度となく京都を訪れ、日本の美に触れていたようです。また彼はソニーの盛田さんや大賀さんのことを心から尊敬し、ソニーの美意識を学ぼうとしていました。

一九九九年、アップルの新製品の発表会でスティーブ・ジョブズ氏は、冒頭、その直前に亡くなった盛田昭夫さんをこう追悼しました。

「盛田昭夫は私とアップルの仲間に大きな刺激を与えてくれた。トランジスタラジオ、トリニトロンテレビ、民生用ビデオデッキ、ウォークマン、オーディオCD、これらのソニー製品は、家電業界に驚異的なイノベーションをもたらしました」

ステージの中央にはソニーの作業服に身を包んだ盛田昭夫さんの写真が高々と掲げられていました。

iMacの新製品発表会で盛田昭夫氏を追悼するスティーブ・ジョブズ氏（1999年10月）

スティーブ・ジョブズ氏をはじめ世界の経営者たちが愛した日本の美意識。それはどういったものなのでしょうか。もちろん禅や茶道、華道などの伝統美に惹かれたのは間違いありませんが、そんな表面的なものだけではないと私は思います。

日本人の美意識とはいったいどういうものなのか。それは「散りゆくもの、消え去っていくもの」への静かなる情けではないでしょうか。たとえば、日本人はなぜ桜に魅了されるのでしょうか。それは桜の花の命の短さにあると考えます。蕾《つぼみ》が育ち花が咲く。しかし、満開の時間はとても短いため、散りゆく花に思いを寄せるのでしょう。梅の花も美しいものですが、咲く時間の長い梅に日本人の心はそれほど奪われません。

一方、西洋の美意識とは最高潮にあります。花は満開でこそ美しい。散りかけた花などは見る価値がないと。この美意識の違いは決定的なものでしょう。もちろん、どちらがよくてどちらが悪いというものではありません。それは単に美意識の違いであり、民族がもつ感性の違いにすぎない。しかし、欧米の人たちは日本の美意識に惹かれています。私たちは日ごろから意識はしませんが、この日本人の心の中に根づいている美意識こそが、日本の強みなのです。

そしてこの美意識は、実は環境問題や自然に対する考え方につながっているのです。日本人のもっている環境に対する意識こそが地球環境を救うと主張する学者もいます。環境問題のある研究者はこういいます。

「島国の日本では資源も土地もかぎられています。だからこそ日本人は、かぎられた資源をいかに有効に使うかを考え続けてきました。この何千年にも及ぶ知恵が、地球環境を守る術を教えてくれる。土地や資源は無限にあると考えてきたアメリカの価値観では、地球環境を守ることはできないのです」

世界から見たとき、日本人にはすばらしい気質や哲学がたくさんあります。そのすばらしさを私たち日本人は見直し、失ってきたものを取り戻さなくてはなりません。「日本の強さは日本人そのものにある」。そんな誇りをいま一度思い出すことです。

なぜ日本は新型コロナウイルスの被害が少ないのか

新型コロナウイルスの脅威が世界中を襲っています。この原稿を書いているのは二〇二一年初め。一度は収束の兆しを見せていた欧米諸国でも再び感染者が増えています。つい最近のデータによると、イギリスでは一日で三万人、アメリカでは一日十万人もの感染者が確認されたとのこと。この数字には驚くばかりです。

それに比べて日本では、日々の感染者は確認されるものの、その数は欧米諸国とは比較にならないくらい少ない数です。またコロナによる死者の数も非常に少ない。どうして日本は感染者数が抑えられているのか。どうして死者の数がこれほどまでに少なくすんでいるのか。世界中の科学者がさまざまな仮説を立てています。

もしかしたら日本民族がもつＤＮＡに関係があるのではないか。子どものときに接種したＢＣＧが効果を発揮しているのではないか。さまざまな仮説が立てられてきましたが、いまのところどれも医学的な根拠は明確にはなっていません。それでも日本で新型コロナウイルスの蔓延が少ないのはなんらかの原因があるはずです。それをノーベル医学・生理学賞を受賞（二〇二〇一二年）した山中伸弥教授は「ファクターX」と表現しました。この「ファクターX」を解明すべく、世界中の科学者が研究を重ねています。

いずれは科学的な根拠は見つかるのか。医学的なことはよくわかりませんが、私はそのファクターは科学の外にこそあるのではないかと考えています。

それは日本人の性格や行動・生活様式といったものです。日本では、住居には靴を脱いでから上がるという習慣が古くから守られてきました。家の中で靴を脱がない欧米では、外のウイルスを室内に持ち込む危険性もあるでしょう。さらに清潔好きな日本人には、ウォシュレット（温水洗浄便座）をはじめとして、日常的に清潔を維持する習慣が身についています。こうしたことの積み重ねこそが「ファクターX」といえるのかもしれません。

清潔好きな日本人は、いままで以上に手洗いやうがいを励行し、マスクをするという習慣をしっかりと守るようになりました。

欧米の人たちは主張します。「マスクをするかしないかは個人の自由だ。個人の自由を侵害されてはいけない」と。個人主義と自由を何よりも重要視する欧米ならではの発想です。もちろん彼らがいうように、マスクをするもしないも個人の自由でしょう。強制的にさせるものではないかもしれません。しかし、いまはそんなことをいっている場合ではないのです。

日本人は決められたことはきちんと守るという意識がとても高い。法律を守ることは当たり前のことですが、法律で決められていなくても、「常識」や「道徳観」というもので自分の行動を律するのです。

　マスクをするのは自分のためだけではない。もしも自分が感染していたら、それを他の人に伝染《うつ》さないためにマスクをするのです。故郷の実家に帰りたいと思っても、故郷には年老いた親や親戚がいます。もしも自分がウイルスを伝染したら、高齢の家族を命の危険に晒すことになる。そう考えて実家に帰ることを諦める。要するに私たち日本人は、いつも他者へ思いを馳せながら行動を決めているのです。この日本人が大切に育んできた道徳観こそが、もしかしたら「ファクターX」ではないかと私は考えています。

　蛇足ながら、この一年、私も出かけるときには常にマスクを着けています。天気のよい日はかぎられた仲間とのゴルフを楽しみつつ、ゆったりした日常の中で溜めておいた本を読み、ＤＶＤで映画鑑賞を楽しみ、ストレッチ体操を習慣とし、自宅からのＷｅｂ会議をこなし、夜の会食も大勢ではしません。会食をしても早めに切り上げて家路に就きます。そして帰宅すると、これまで以上に丁寧に手洗いとうがいをしています。気がつくと、私は昨年（二〇二〇年）から一度も風邪をひいていないのです。いつもなら年に二度か三度は風邪をひきます。ところが、この一年はいたって元気です。風邪どころか、毎年悩まされる花粉症も非常に軽いものでした。薬を使わずして花粉の季節を乗り切ったのです。「気がついたら、昨年は風邪もひかずに健康に過ごせたものだ」。この日常が私の「ファクターX」ということでしょう。

日本の課題は海外の人材と女性の活用

「日本人らしさ」こそがいまの世界にとって必要なものであるかもしれません。つい三十年ほど前まで、「日本人は曖昧《あいまい》だ」といわれていました。「イエスとノーをはっきりさせない。とても曖昧でわかりにくい民族だ。この曖昧な気質を変えなければ世界のビジネスシーンでは通用しない」とさんざん悪口をいわれてきたものです。

たしかに世界でビジネスを展開していくためには、はっきりとした主張とスピードが大事です。私もソニー時代にはこの二つを心がけながら世界の中で戦ってきました。しかし、そればかりが大切なことではない。時には曖昧さというものが求められる場面もある。ソニーを離れて違う立場で世界を見るようになってから、そのことに気づき始めたのです。

グローバル化とは、いろいろな国の人間が同じステージに立つことです。国の数だけ価値観の数もあります。隣国であっても、民族の歴史が違えば考え方も習慣も違います。それらすべてをわかり合うことは不可能です。また、その違いを互いに自分の都合で押し付け合えば、断絶や戦争に発展してしまいます。つまりグローバル化の時代であるからこそ、「イエス・ノー」をはっきりと主張しないことが必要なときもあるのではないかと思うのです。

意見や考え方が違ったとき、あえて結論を出すことをしないで、「まあ、どちらもＯＫでしょう」と互いに譲歩し合うこと。自己主張ばかりでなく、相手の立場に立って考えること。そんな姿勢こそがグローバル時代には求められるのです。そしてその姿勢は、日本人が長きにわたって培ってきた「生き方」そのものではないかと思うのです。

ハーバード大学では盛んに日本研究がなされていると書きました。もちろん研究対象は経営や文化ですが、そこには「日本人の心」というソフト面が含まれていると思います。「こんなとき、日本人ならどうするだろう。日本人ならどう考え行動するだろう」――彼らはそこに興味をもっているのでしょう。

世界の人々が日本から何かを学び取ろうとしている。それは事実ですが、その一方で彼らは日本の課題も指摘しています。これからの日本の課題。その一つは「移民政策」です。少子高齢化が進む日本では、確実に労働力が減少していきます。労働力の減少はすなわち国力の低下にも直結します。いかにして労働力を確保していくか。国内のみでは限界があるのですから、海外に頼らざるをえません。さらにはますますグローバル化が加速していくなかで、真にダイバーシティーを理解するためにも海外の人材を積極的に受け入れることが必要になってくるわけです。もちろんこれは一朝一夕にはいかないでしょう。理屈ではわかっていても、日本人の感情の部分で立ち止まっている。仕方のないことではありますが、この問題から目を逸《そ》らしてはいけないことだけは事実です。

もう一つの課題は女性の活用です。女性の社会進出など当たり前だという時代ではありますが、実は日本ではまだまだ進んでいません。世界経済フォーラムが発表した「男女格差指数ランキング」（二〇一六年）を見ても、日本は百四十四カ国中百十一位という不本意な結果になっています。

結婚しない女性が増えたり、経済的な理由から子どもを産まない女性が増えたりしています。これが進めば、日本という国の支柱が揺らぎかねません。女性の社会進出がドンドン進められるように社会制度やインフラを充実させて、身近に多くのロールモデルを輩出できる環境づくりを官民あげて取り組む必要があります。

第6章

日本の常識は世界の非常識

日本の若者は「後ろ向き」なのか

「子どもの幸福度調査」というものがあります。ユニセフ（国連児童基金）が行っているもので、先進国や新興国の子どもたちの幸福度を調査したものです。二〇二〇年九月に発表された報告書によると、対象国三十八カ国のなかで、日本の子どもの幸福度の総合順位は二十位という結果でした。身体の健康の分野では一位となる一方で、精神的な幸福度では三十七位と下位の結果になっています。この調査結果を見て、私は驚きを感じるとともに、日本の子どもたちの未来に危機感を覚えたものです。

日本という国は、世界的に見てもとても安全な国です。日々の暮らしを安心して過ごすことができます。また近年では経済格差が大きくなっているといわれていますが、それでも貧困に見舞われている人は世界の国々と比較すれば少ないものです。自治体などの手当ても充実していますから、いざとなれば行政が手を差し伸べてくれるシステムが構築されています。そんな安心で豊かな国で生きているにもかかわらず、子どもたちの幸福度はとても低い。この状況を真剣に考えなくてはならないでしょう。

もう一つの調査を紹介します。二〇一八年に先進七カ国（日本・韓国・アメリカ・イギリス・ドイツ・フランス・スウェーデン）の十三歳から二十九歳までの若者を対象に実施した意識調査です。

まず、「あなたは自分自身に満足していますか？」という質問に対して、アメリカの若者の五七・九％はイエスと答えています。お隣の韓国でも三六・三％が満足していると答えている。他の国も平均して四〇％はイエスです。ところが、日本だけがダントツの最下位。自分に満足していると答えた割合は一〇・四％にすぎませんでした。

「自分には長所がある」という質問に対し、アメリカの若者は五七・九％がイエスと答えているのに、日本の若者は一六・三％。これも七カ国中でビリです。

「自国の社会に満足しているか」という質問に対し、アメリカの若者は二七・八％がイエスで、日本は五・三％、これも最下位。

「ボランティア活動に対する興味」も、アメリカの若者は六五・四％が興味があると答えているのに対して、日本は三三・三％です。近年では日本でもボランティア活動が注目されるようにはなってきましたが、それでも他の先進国と比較するとまだまだ意識は低いようです。

「将来は外国に住みたい」と思っている若者も、他の国ではほとんどが四〇％を超えているのに対して、日本では一九％しかいません。

自分の国に満足している若者が少ないにもかかわらず、外国に住みたいとは思わない。なんとも矛盾した意識がそこにはあります。この調査結果を眺めていると、日本の若者の意識がいかに後ろ向きであるかを思い知らされます。もちろんこれは若者だけのことではなく、日本人の気質が影響しているのも事実です。

たとえば、「他人に迷惑をかけなければ、何をしようと個人の自由だ」という質問に対して、アメリカの若者は五〇・三％がイエスと答えています。つまり半分の若者は「自分さえよければそれでいい」という意識があるのでしょう。それに対してイエスと答えた日本の若者は一五・七％でした。何をしようと自分の勝手だというのではなく、周りの人たちの気持ちに配慮しながら生きていくことの大切さ、そんな心が日本人には根づいているのだと思います。積極性には欠けるものの、やはり日本人が培ってきた道徳観はすばらしいものです。

とはいっても、このグローバル化の時代において、世界というステージで活躍するためには積極性が求められるでしょう。自分の国を愛し、自分に自信をもつことが、世界と戦っていく武器となります。そんな精神的な強さを養っていかなくてはなりません。そのために大事なことはただ一つ、それは教育だと私は考えています。

「木を見て森を見ず」ではグローバル化の世界では通用しません。もっと広い視野を身につけることが求められます。そのためにはこれまでのような日本の受験システムでは不十分です。ただ知識を詰め込むだけの教育には限界があります。もっと総合的な力を養っていく教育が求められているのです。その意味では、先に述べたハーバード大学のような入試のやり方に近づくべく、東京大学が一部総合型選抜（旧・ＡＯ入試）を始めたことは大賛成です。ペーパー試験だけでなく、もっと総合的な「力」を重要視すること。真に自分に自信がもてるような教育を施していくことが、これからの日本には必要でしょう。

いまの日本の若者たちが常識だと思っていることがそのまま世界で通用することはありません。日本という小さな国だけで通用している「常識」を鵜呑《うの》みにしてはいけない。もちろん日本にも世界に誇るべき「常識」はたくさんあります。それらを大切に守りながらも、世界の常識をもっと知り、そして取り入れなくてはならないのです。そのために重要なのが子どものころからの教育です。大人になってから、これまで身につけた常識を変えることは難しいものです。それは自己否定にもつながるからです。だからこそ、日本の教育を見直す時期であると私は考えています。

ドイツの物理学者アルベルト・アインシュタインはこのような言葉を残しています。「常識とは人が十八歳になるまでに集めた偏見のコレクションである」と。まったく名言であると思います。

農業を魅力ある産業にして食料自給率を上げよう

終戦直後の一九四六年、我が国の食料自給率は八八％でした。もともと農業国であった日本では必要とされる食料の八八％は自前で賄っていたのです。

ところが、食料自給率は年々下がり、平成に入ると五〇％を割り込み、二〇一七年には三八％まで下がってしまいました。飼料用を含む全体の自給率ではわずか二八％という数字になっています。

他国の食料自給率を見てみると、オーストラリアはなんと二二三％。アメリカが一三一％、フランスが一三〇％、ドイツでも九五％です。この数字を見て私は寒気がしました。想像してみてください。もしも戦争や世界規模の天候不順が起こったら、日本はたちまち食料が枯渇してしまいます。食べるものがないのですから、戦うどころではありません。要するに食料自給率とは、国家の存続に関わるほど重要な数値なのです。

戦後からの工業生産力モデル統計を見直し、膨大な四十二万ヘクタールの農耕放棄地の活用、放置した山林・里山の適切な手入れ、再設計に着手し、山・森・川・海の良循環連鎖を構築する時期にきているのです。

もちろん日本政府も二〇二五年までに自給率を四五％まで上げるという目標を立てています。しかし、これは政府の施策に頼るだけではなく、民間企業や国民全体の力を結集しなければ成し遂げられない目標です。

これまでの農業は既得権益に守られてきました。ＪＡという巨大な組織が外からの介入を阻んできました。しかし、これからの農業は変わらなければなりません。実際にトヨタ自動車や三菱商事などの大企業が農業の分野に次々と参入しています。農業の新たなプラットフォームを構築するために動き始めています。これはとてもよいことだと思います。

現在、農業従事者の平均年齢は六十七歳。高齢者が中心の産業といえます。これでは農業に未来はありません。やはり若い世代の人たちが働きたい仕事でなければ、その産業は発展していかない。その意味でも大企業が農業に乗り出すことは、若者たちが農業という産業に入りやすくなるでしょう。農家に生まれた人間だけが従事する時代ではないのです。さらにいえば、農業機械は相当な進化を遂げています。農業はけっして肉体労働ではない。男性だけの仕事ではなく、女性も活躍できる分野になっているのです。農業という産業を根本的に見直さなければ、食料自給率の改善にはつながらないのです。

とくに日本のお米は世界に誇るべき作物です。日本米の美味しさは世界のなかでも群を抜いており、世界的にも認められています。常に品種改良がなされ、毎年のようにすばらしいお米が生産されています。たとえば、私の地元である小田原でつくられている「キヌヒカリ」という品種は最上級の評価を受けています。炊き立てのキヌヒカリに生卵をかけて食べる。それはどんな高級料理にも劣らぬほど美味しいものです。

お米の品種改良だけでなく、いかに美味しくお米を炊くかも追求されています。最近パナソニックが開発した炊飯器は、ＡＩ機能により米の品種それぞれに最適な炊き方を自動で変えられるといいます。まさに至れり尽くせりです。このようなすばらしい取り組みをしているのですから、その能力を活かさない手はありません。単に食料自給率を上げるということだけでなく、高い品質にも注目することで、いま一度日本の農業が蘇ることを願っています。

食料自給率が低いということは、日本だけの問題ではありません。食料が足りないなら海外から輸入すればいい。日本からみればそれでいいのかもしれませんが、世界では少し違った見方もされているのです。

「バーチャルウォーター」というものをご存じでしょうか。日本語にすれば「見えない水」となります。たとえば、日本がアメリカから牛肉を輸入します。表向きは牛肉ではありますが、実は肉と同時に目に「見えない水」をも同時に輸入しているのです。牛を飼育するためには多くの水が必要になります。牛のエサとなる穀物をつくるにも水が必要です。牛肉一キログラムを生産するために二万六〇〇〇リットルもの水が使われるそうです。

地球は水の惑星といわれています。しかし、地球上にある水の九七・五％は塩分を含む海水です。これは動物が飲むことはできません。地球にある淡水はたったの二・五％。しかもその大部分は氷河や地下水です。人間が使用できる地球上の淡水はわずか〇・〇〇八％です。つまり、作物や肉などの食品を輸入するということは、同時に目に「見えない水」をも大量に輸入していることになるのです。言い換えれば、日本は重要な地球の資源である水を世界各国からかき集めているようなもの。それに対する批判も生まれつつあることを私たちは知っておかなくてはいけないのです。

致命的な日本のエネルギー自給率をどう上げるか

食料自給率とともに、国家として重要になるのがエネルギー自給率です。国として必要なエネルギー資源のうち、どのくらいの量を自国で賄うことができるか。その割合を示したものがエネルギー自給率です。この自給率が低ければ、他国にエネルギー資源を依存することになります。その費用は莫大な金額です。エネルギーを輸入で確保している日本においては、自動車や工業製品などの輸出で稼いだお金がエネルギーを買うために使われているようなもの。一生懸命にさまざまな産業でお金を稼いでも、結局はそのお金でエネルギーを買わなくてはなりません。つまり、私たちはエネルギーを買うために働いているようなものともいえるのです。

エネルギーについても、自給率が低ければ、海外で何らかの問題が起きたときに、すぐさま供給が止まるという危険性を孕《はら》んでいます。安定したエネルギー供給ができなくなる。それはまさしく国家の存続にも関わる重要な問題です。

世界に目を向けてみると、もっともエネルギー自給率が高いのがアメリカで、九二・六％です。国内で必要なエネルギーのほぼすべてを自国で賄っているといえるでしょう。二〇〇〇年後半に起こった「シェール革命」により、アメリカのエネルギー自給率は二〇％も上昇したのです。

その次はイギリスの六八・二％です。イギリスは北海のガス田を開発したことにより、一時期は一〇〇％を超えていましたが、ガス田の枯渇により自給率が下がっています。五二・八％の自給率を確保しているフランスは、電力の七〇％以上を原子力発電によって賄っています。万が一海外からの燃料調達が途絶えたとしても、国内で保有している原子力エネルギーによって、数年間は生産が維持されるような政策を採っています。そして近年再生エネルギーにシフトしてきたドイツも三六・九％の自給率を確保しています。

一方、日本のエネルギー自給率はわずか九・六％という数字です。二〇一一年に起きた東日本大震災以前は二〇％前後の自給率を保っていましたが、原発事故の影響で原子力発電の稼働が一気に減少したため、一〇％を割り込む数字にまで落ちてしまったのです。この数字は、国家として致命的な弱点であると考えられています。

原子力発電の問題点や課題は山積していますが、やはり現状においてはその発電力を無視するわけにはいきません。また、世界では化石燃料から脱するという流れがすでに大勢を占めています。地球温暖化を解決するためには、脱炭素化がキーワードとなり、地球温暖化の原因とされている温室効果ガスを削減していくことが二〇一五年のパリ協定によって合意されました。

にもかかわらず、日本は相変わらず化石燃料を容認するような風潮が残っています。二〇一九年にスペインで開催されたＣＯＰ25において、小泉進次郎環境大臣は日本は化石燃料を使っても環境に影響を及ぼすことの少ない技術をもっているのだとアピールしました。この演説に世界の批判が集まり、日本は「化石賞」という不名誉な称号を与えられてしまいました。化石燃料ありきの日本の常識が払拭できていない証拠でしょう。

このままでは二〇三〇年には地球温暖化がますます進行し、平均気温が一・五度も上昇するとされています。地球の温度が一度でも上昇すれば、世界中の生態系に深刻な事態を招くことになります。ひいては人間の活動にも多大なる悪影響を及ぼすことになる。それを食い止めるべく世界が協力していくこと。それがパリ協定です。

幸いにも、菅義偉首相が総理就任の所信表明において、二〇五〇年には温室効果ガスの排出量を実質ゼロにするという目標を提示しました。具体的な時期を日本の総理が示したのはこれが初めてです。さらに東京都が二〇三〇年までの「脱ガソリン車」の目標を打ち出しました。もちろん温室効果ガス排出量をゼロにすることは不可能です。つまり、人間がつくり出す二酸化炭素の排出量と、植物によって吸収される二酸化炭素の量をイコールにするということです。ならば、地球がもっている自浄能力の範囲でエネルギーを消費するシステムを構築していくことが求められるわけです。

化石燃料を可能なかぎり減らして、再生可能エネルギーへとシフトしていく。これまでのエネルギーは石炭や石油等の地下資源に依存してきましたが、これからは風力発電や太陽光発電などの地上資源が主体になっていく。それに加えて省電力化を進めていく。こうしたトータルな方策によってエネルギー問題と向き合っていく時代なのです。

エネルギー政策とは、自国だけで考えるべきものではありません。同じ地球市民として、世界が協力して推進していかなくてはならない。その意味でも、日本人がもっている常識だけにとらわれてはいけません。環境問題にしても再生可能エネルギー問題にしても、さらには原発問題にしても、グローバルな視野が求められているのです。世界の力を借りながら、世界と協力し合って進めていくのがエネルギー政策だと私は考えています。

いま世界で研究されている、変換効率五〇％を超える太陽電池の実用化は二〇三六年（現状は一八〜二〇％）、安全な小型原子炉の実用化は二〇四六年、さらに石炭などのCO_2を回収して地下に貯留する技術ＣＣＵＳ（Carbon dioxide Caputure, Utilization and Storage）の実現等に期待しています。

蛇足ながら、石炭というのは数奇な運命の資源であると思います。

十六世紀中ごろからエネルギーの主役が木炭から石炭へと移り、石炭が豊富にあったイギリスから産業革命が起こり、一七七六年にジェームズ・ワットが蒸気機関を改良・実用化したことで、世界中の鉄鋼産業や鉄道事業などが飛躍的に発展しました。まさしく石炭こそエネルギーのヒーローでした。

とくに日本においては石炭は国内で産出できた唯一のエネルギーだったこともあり、明治時代の後半から石炭産業は一大エネルギー産業に躍り出ます。それを象徴する歌が『炭坑節』です。

『炭坑節』は福岡県田川《たがわ》市が発祥とされ、もともとは炭鉱労働者によって唄われた仕事唄『伊田場打ち選炭節』が元唄だそうです。戦後、さまざまな歌手が歌ったことから全国的に大ヒットし、いつしか盆踊りの定番ソングとなったのです。

私が好きなのは、昭和を代表する演歌歌手の三橋美智也さんが歌った『炭坑節』です。

月が出た出た　月が出た（ヨイヨイ）
三池炭坑の　上に出た
あんまり煙突が　高いので
さぞやお月さん　けむたかろ（サノヨイヨイ）

脱炭素社会のいまは犯罪者扱いでNO COALの矢面に立っているらしいのですが、将来、テクノロジーの進化により再び脚光を浴びる可能性があると思っています。なぜなら、石炭は石油のように中東に依存することはなく、世界中に偏在し、価格も安く、備蓄も野ざらしで問題ないからです。

可採年数をみても、石油は五十年、火力発電のエネルギーであるLNG（液化天然ガス）も五十年ですが、石炭は百五十年で豊富にあるといわれています。

したがって、石炭の火力によって発生するCO_2を減らす効率改善と並行して、CO_2を分離液状化して地中に埋めたり再利用する技術が進んでいけば、再びヒーローに復帰するでしょう。

すでに日本でも実証実験段階に入っています。CO_2再利用のCCUSの具体例としては、プラスチック製品やジェット燃料、エタノールの原材料等です。

判子文化の是非を問う

新型コロナウイルスの流行によって、サラリーマンの働き方が変化しました。会社に行くことなく、自宅で仕事をする。いわゆるテレワークという形態がとられるようになりました。会社に行けば多くの人と接触することになり、感染拡大につながりかねない。できるかぎり出社しないですむ働き方が推奨されたわけです。

ところが、ここで問題とされたのが判子文化です。自宅で仕事ができるにもかかわらず、書類に判子を押すためだけに会社に行かなくてはならない。とくに部長や役員などは、毎日多くの判子を求められます。ただ判子を押すためだけに出社する。これはまったくの無駄ではないか。ならば判子をなくせばいい。このような流れが一気に進んでいます。

たしかに世界を見てみると、判子文化が残っているのは、日本と、日本の統治下にあった韓国と台湾の三つの国だけです。とくに日本では頑なまでに判子文化が守られてきました。会社の書類から始まり、銀行や役所などの公的な書類まで、とにかく判子がなければ先に進まない。実印、銀行印、認印など、一人がいくつもの判子をもっているのが当たり前だったのです。

日本を除くほとんどの国はサインの文化です。判子など持ち歩かなくても、ペンさえあればどこでもサインができる。サインこそが自己証明の証なのです。ですから欧米の人たちは自分のサインを大切にしています。なんとか格好のよいサインを考えようとする。他の人には真似ができないようなサインを考えるわけです。

一九六〇年に公開されたアラン・ドロン主演の映画『太陽がいっぱい』の中に、アラン・ドロンが他人のサインを必死に真似して犯罪に利用するシーンが登場します。私が欧米のサイン

花押の例

後鳥羽上皇　源頼朝　豊臣秀吉　徳川家康　織田信長

文化に触れた初めてのシーンでした。

それはさておき、実は日本にもサイン文化は存在していました。それは「花押《かおう》」というものです。「花押」とはその人を表す署名のこと。名前の草書を崩してアレンジしたもので、この文化は千年以上も続いてきました。「花押」は源頼朝、織田信長や徳川家康などの武将たちも使っていました。それぞれの「花押」を見ると、まるで芸術作品のような美しさを感じます。「花押」はいまでも一部の閣僚や総理大臣も使っています。「花押」をもつことは、昔からステータスでもあったのです。

台湾の故宮博物館には世界的なすばらしい「書」が展示されています。その「書」のバリューを高めているのは、作者自身の落款《らっかん》だけではなく、師匠格の先達数人が順次バランスよく独自の特徴ある落款印を押していることです。

この「落款印」のように、日本の判子文化は消えることはないと私は思っています。判子省略という流れに、判子業界の人たちは声高に反対を唱えていますが、たとえ会社や役所などから判子がなくなったとしても、貴重な日本文化として残っていくはずです。ただ承認するための判子ではなく、「落款印」のように自分の個性を主張するような判子。そういう判子が形を変えて受け継がれていくと思います。

重要なことは、判子云々ではなく、判子文化があることによって、日本のデジタル化が遅れてきたということです。判子は自分自身を証明してくれるものです。たしかに私は○○という者ですと。しかし、そんなことはマイナンバーさえあれば簡単に解決します。わざわざ判子を押さなくても、マイナンバーカードを提示するだけで自分を証明することができる。カードの中に自分という人間のデータが入っている。どうしてこんな便利なものを使わないのか不思議で仕方がありません。

落款の例

もちろん個人情報が漏れてしまうことへの心配もあるでしょうが、そんな心配ばかりしていてはいつまで経ってもデジタル化は進みません。世界の先進国のなかで、個々人がＩＤカード（個人証明書）をもっていないのは日本だけでしょう。車の免許証ももたず、会社の名刺ももたない人は、どのようにし

て個人を証明するのでしょうか?

判子文化は日本人が培ってきた美しい側面もあります。しかし同時に、デジタル化を阻んでいるという側面もあります。判子をなくすとか残すという表面的な議論ではなく、これからの自己証明をいかにするかに視点を移すことだと私は考えています。

日本の安全神話はもはや通用しなくなる

日本は世界のなかでももっとも安全な国といえます。たとえば、夜遅い時間に、女性やお年寄りが一人で街中を歩いている。さも当たり前のように思うでしょうが、海外でこんなことをすれば、たちまち強盗や暴漢に襲われます。日本では子どもを一人で学校に通わせるのも当たり前ですが、海外では親や雇ったボディガードたちが送り迎えをするのが常識です。小学生の子どもが一人で通学などしていたら、それこそ誘拐犯の餌食になってしまうでしょう。

あるいは電車やバスの中で眠っている人も多い。財布をスーツのポケットに入れたままで寝ているのですから、「どうぞ盗ってください」といっているようなものです。お店で食事をする際、自分の席を確保するために荷物を置いたりする人もいます。海外でこんなことをすれば、ほんの数分で荷物は消えているでしょう。彼らにとっては、置きっ放しにするほうが悪いという感覚です。このように、安全な国である日本の常識は、海外から見れば考えられないことだらけなのです。

主要十五カ国の人口十万人当たりの凶悪犯罪の発生件数を調査した少し古い二〇〇〇年のデータがあります。それを見ると、殺人件数のもっとも多いのはロシアで、十万人当たり二〇・九五件、日本は十五カ国中もっとも低く、〇・九件となっています。強姦の件数がいちばん多いのがオーストラリアで八一・四一件。これはアメリカの二倍以上の件数です。この強姦発生件数に関しても日本は十五番目の一・七八件。強盗件数のトップはスペインの一二五九・八九件で、日本はたったの四・〇七件となっています。もちろんこうした犯罪はゼロになることが理想ですが、それにしても日本の犯罪件数は他国と比べれば桁《けた》はずれに低く、ほとんどゼロに近いことがわかります。

こうした安全に慣れている日本人は、先に書いたような行動をつい取ってしまいます。犯罪が少ないことは誇るべきことです。当たり前のように夜中に女性が歩くことができる社会は奇跡に近いものだと思います。しかし、そうした行動はこれまでの「閉じられた世界」だからこそできたことです。日本人だけで社会が成り立っていればこそ、日本人の常識が通用する。しかし、いまはインバウンドの時代です。年間に三千万人以上の外国人が日本にやってきます。日本に長期滞在したり、日本で生活を営む外国人も増えていくでしょう。

そうなったとき、日本人の安全神話は通用しなくなってきます。日常生活の中にさまざまな人種の人たちが入ってきます。電車の中にも外国人がたくさんいる。そこはこれまでの日本とは違う社会だということを認識しなくてはいけません。もちろん、いたずらに外国人を疑えということではありません。ただ、日本人がこれまで信じてきた常識と、彼らがもっている常識とは違うことを理解しておかなくてはなりません。

現在日本に在住している外国人は全人口のわずか二%ほどです。それはまだ、日本社会の常識を覆すほどの人数ではないでしょう。しかし、この割合は確実に上がっていきます。少子化に喘《あえ》ぐ日本では、外国からの労働力が一層求められるようになるでしょう。また難民を引き受ける責任も世界から求められるようになります。日本人だけでこの国を成立させていくことができない時代が目の前にやってきているのです。

安全な国を守りつつも、そこに胡座《あぐら》をかかないような生活にシフトしていくことが求められるのです。

海外ではNG！ 公共の場での振る舞いに注意

電車の中で化粧をしている女性をときどき見かけます。初めてその光景を見たときは驚いたものです。一昔前までは、電車の中で化粧をする女性などいなかったと思います。人前で化粧をするのは恥ずかしいこと。化粧をしている姿を見せることは絶対に嫌だ。そう思うのが日本女性の感覚だったはずです。また男性から見ても、女性が鏡を覗《のぞ》きながら一心不乱に化粧をする姿などは見たくはないものです。とくに好きな女性であればなおさらでしょう。恥じらいをなくした女性を美しいとは思えません。

これを海外では絶対にやってはいけません。たとえば、ヨーロッパでは、電車の中や人目がある場所で化粧をするのは「娼婦」だけです。彼女たちは、いわばセックスアピールの手段として化粧をする姿をわざと見せているのだと思います。要するに男性を「誘って」いるのでしょう。

もしも海外の電車の中で化粧をしていたら、男性から声をかけられても文句はいえません。それは日本の女性の品位を傷つけることになりますから、絶対にやめてほしいものです。

「別に誰にも迷惑をかけていない」という女性もいます。たしかに電車内で化粧をしていても、誰かに迷惑をかけるわけではありません。しかし、その姿は見ていて気持ちのよいものではありません。きっと周りの人たちは目を逸らしていることでしょう。周りの人の気分を少しでも不快にしているとしたら、それは迷惑をかけていることと同じです。

女性ばかりを責めていますが、男性もまた気をつけてほしいことがあります。それは背広を着た酔っ払いのサラリーマンです。夜も更けてきた駅前、すっかりできあがったサラリーマンたちが千鳥足で歩いています。わけのわからない言葉を大声で発しながら、同僚たちと肩を組んでダラダラ歩いている。そんな姿を見ていると情けなくなってきます。

少なくとも欧米でこうした光景は見かけません。私も海外を歩き回りましたが、それなりの格好をしたビジネスマンが酔っぱらって外を歩いている姿を見たことはありません。もちろん彼らもお酒は楽しみます。それなりにアルコールが回って、多少は大きな声で笑ったりもします。しかし、彼らは店を一歩出れば、きちんとした振る舞いを心がけています。みっともない姿を見せてはいけない。それもまた一流のビジネスマンとしての心がけなのです。

時に羽目を外すのもいいでしょう。同僚や気の合う仲間と飲む酒は美味しいものです。しかし、みっともない姿を世間に晒してはいけません。その姿を誰が見ているかもわかりません。もしも大切な取引先の人に見られてしまえば、たちまち信用を失います。酔っぱらってくだを巻くのは自宅に帰ってからにしましょう。ところが、新橋の駅前で酔っぱらっているオジサンほど、自宅に帰り着くとシャキッとするものです。

酔っ払いのオジサンたちはいいます。「若い女性が電車の中で化粧などするものではない!」と。若い女性たちもいいます。「駅前で酔っぱらっているオジサンの姿ほど醜いものはない!」と。どっちもどっちです。

食に対するこだわりの違いを知るべし

かつてソニーの役員時代、私は月に幾度となく海外出張に出かけていました。海外にあるソニーの工場を視察したり、新たなビジネスを展開するためにいろいろな国に行ったものです。海外出張の際は、ビジネスの話が終わったあとはいつもみんなで会食という運びになります。二十人から三十人で食事を楽しむわけです。こうした場面はもちろん日本でもありますが、その中身は日本の会食とはまったく違います。

アメリカもヨーロッパもアジアも、それぞれ国によって食事の習慣が異なりますが、共通していえることは、食に対するこだわりが強いということです。日本でもビジネスの話が終わったあとに会食をしますが、どうしても食事の場でもビジネスの話が続くことが多い。日本における会食は、あくまでもビジネスの延長線上にあるのでしょう。

しかし、とくに欧米などでは考え方が違います。ビジネスの話は会議室の中でおしまい。一緒に食事をするということは、ビジネスを離れてコミュニケーションを深めるための場なのです。並べられた料理の話をしたり、今年のワインの出来について話したり、お互いの国の文化について話したりします。せっかくの会食の場なのに、そこでまたビジネスの話を持ち出すのは野暮というものなのです。

せっかく美味しい料理を楽しむのですから、食事をすることが最優先です。ですから、料理はすべてそれぞれが選ぶことになります。たとえば、日本であれば、三十人で会食をすると、基本的にコース料理を注文しますので、みんな同じものを食べるでしょう。これに彼らは驚きます。それぞれ食べたい料理があるはずだから、食べたいものを食べてこそ会食を楽しめる。彼らは当たり前のようにそう考えていますから、三十人のメンバーで食事に出かけても、みんながそれぞれ自由に注文をするのです。

ですから、注文だけで相当な時間がかかります。またそれぞれ違う料理を注文するので、料理が出されるタイミングも違ってきます。すぐに出てくる人もいれば、最初の料理が出てくるまでに一時間も待つ人もいる。その結果、日本では考えられない長い時間をかけて食事をするのです。でも、彼らはそんなことはいっさい気にしません。いくら時間がかかっても、自分が食べたいものを食べることがいちばん大事なのです。要するに食に対するこだわりが日本人には考えられないほど強いのです。

日本人はついみんなに合わせようとします。取引先の人が頼んだ料理に合わせて「私も同じものをください」という。上司が注文した料理よりも高価な料理を頼むことはありえません。これが日本人なりの忖度というものです。そんな日本人の光景を見て、彼らは不思議そうにしています。「どうして周りと同じものしか食べないんだろう」「どうして上司よりも値段の安いものしか注文しないんだろう」と。「日本人にとって食事とは、あまり大切なことではないのだろうか」。そう思われているかもしれません。

また中国の一部の人たちは、ウーロン茶に人生をかけているといっても過言ではありません。日本でも日常的に飲まれるウーロン茶ですが、高級なものになると目が飛び出るような値段がつきます。コーヒーや紅茶とは比較にならないくらい高価なものがあるのです。中国の人はいいます。「高価なウーロン茶を飲みたいがために、私は一生懸命に仕事をしているのです」と。

もちろん日本人も食に対するこだわりはもっていますが、その執着心は世界のなかでも薄いほうなのかもしれません。日本人同士の会食であればいいのですが、海外の人たちと食事を共にする際には、彼らの食に対するこだわりに気を配る必要があるでしょう。

欧米で会食に誘われるとき、こう聞かれることがあります。「夕食にあなたは何が食べたいですか？」と。日本人はだいたいこう答えます。「お任せします」と。この答えは相手には理解できません。「お任せしますとは、どういうことなのか。この日本人は自己主張がないのか。それとも私の誘いを断ろうとしているのか」。そう思われても仕方がないでしょう。グローバル化が進む時代。やはり大切なのは相手の国の食習慣を十分に理解しておくことです。

欧米のバカンスには程遠い日本人の休暇

日本のサラリーマンは世界でもっとも有給休暇を取っていない。それはデータを見れば一目瞭然です。世界各国の有給休暇取得日数を比較してみると、フランス、スペイン、ドイツ、ブラジルでは一〇〇％です。一年間に与えられている三十日という休暇を一〇〇％取得していま す。シンガポールや韓国も九〇％を超えています。イタリアで七五％、日本の次に取得率が低いアメリカでも七一％です。それに比べて日本の有給休暇取得率は、年間に与えられている二十日の五〇％にしか到達していません。つまり年間十日ほどの有給休暇しか取っていないのです。

一年間で十日というと、冠婚葬祭で数日取ったら、あとは風邪をひいたときに休むくらいでしょう。どうしてこのような状況になるのか。その大きな原因となっているのは、やはり上司の理解や同僚のあいだでの気遣いだと思います。有給休暇は与えられている権利です。にもかかわらず、堂々と上司に申請することができない。また申請された上司のほうも、部下が有給休暇を取ることによい顔をしない。このような目には見えない圧力があれば、なかなか休暇を申し出ることは難しいでしょう。こんな雰囲気は早く払拭すべきです。

日本人が有給休暇を取らない原因の多くは上司や社内の雰囲気にあることは間違いないでしょう。しかし私は、それとは別の原因があるのではないかと考えています。

欧米のビジネスマンは、二十日以上の休暇を取って「バカンス」に出かけます。それはよく見られる光景です。たとえば、世界中から観光客が集まるハワイで、現地の観光業者に聞くと、日本人はだいたい三泊か四泊くらいで帰っていくそうです。それに比べて欧米の人たちは、短くても二週間、なかには一カ月も滞在する人がいるといいます。それはどうしてかというと、「バカンス」というものに対する考え方の違いがあるからです。

欧米の人たちは何のためにバカンスに出かけるのか。いちばんの目的は「身心を休めるため」です。忙しい仕事から離れて、ゆったりとした時間を過ごす。溜まっていた本を読んだり、観たかった映画を鑑賞したり、一日をゆったりと過ごすことで日ごろの疲れを癒す。それこそがバカンスの目的なのです。

欧米の人たちは自分の健康にとても敏感です。心身ともに健康でなければ仕事はできません。よい仕事をするためには健康管理が何よりも求められます。そして彼らにとっての健康管理とは、病院に行って検査をすることではありません。あくまでも自分自身で心身の健康状態をよくすることが大事だと考えているのです。

その背景には医療費の問題があります。日本は皆保険制度や高額医療制度が確立されているため、誰でも安い費用で医療を受けることができます。ちょっと風邪をひいて熱が出れば、すぐに内科にかかることが当たり前です。風邪なら診察代と薬代で千円から二千円ほどですみます。世界でこんな国は日本くらいのものです。

医療費が高い欧米では、できるだけ病院に行かないですむように日ごろから気をつけています。ちょっとした熱くらいは自分の力で治すくらいの体力をつけておく。健康に留意していれば、余計な出費を抑えられる。すなわち、「バカンス」とは病院に行かなくてもいいようにするための備えでもあるのです。

実際に欧州の国では、有給休暇を一〇〇%取得していなければ、医療保険の掛け金が上がるところもあるそうです。休暇を十分に取っていない人は健康を害しやすいと考えられているのです。

それに比べて日本人の「バカンス」とはいかなるものでしょう。上司ににらまれながらやっと取れた四日間の有給休暇。ここぞとばかり旅行に出かけます。せっかく旅行に来たのだから楽しまなくては損だとばかり、朝から晩まで観光地を巡り歩く。日ごろのうっぷんを晴らすかのように、美味しいものをたらふく食べる。そして旅行から家に帰ってきたときに一言。「ああ、疲れた」。

これでは身心を休めることなどできません。その意味でいえば、日本には「バカンス」というものがないのです。バカンスとは遊びまわることではなく、ゆったりと休息するためにあるという意識をもつことをおすすめします。

世界の常識は火葬より土葬

新型コロナウイルスの流行は、予想もしなかった問題を生み出すことになりました。それは亡くなった人をどのように葬るかという問題です。

新型コロナウイルスで亡くなった人は、感染症法の規定により火葬されることが決められています。感染リスクを考慮すれば当然のことです。現代の日本では火葬が基本ですから、それに関して問題となることはありません。しかし、日本に在住するキリスト教やイスラム教の人がこの病気で亡くなればどうなるか。やはり日本の規定に従って火葬されることになります。しかし、これに対して強硬に反対を唱える人たちもいます。

キリスト教やイスラム教では、亡くなった人は土葬にされるのが慣習なのです。とくにイスラム教の人たちにとって、火葬は故人を侮辱することだと考えられています。たとえどのような病気で亡くなったとしても、故人は土葬することが当然なのです。日本でも問題提起されていますが、強引に事を進めれば国際問題にまで発展しかねない。日本イスラーム文化センターの事務局の人たちはそう危惧しているといいます。

世界を眺めてみれば、実は宗教的には圧倒的に土葬のほうが多いのです。世界の人口に占めるキリスト教徒の割合は三二%、二十四億人に及びます。イスラム教徒は二二%で十五億人です。世界の人口の過半数が土葬です。つまり、火葬の慣習がある日本は世界のなかでは少数派であるといえるのです。

日本でも、かつては土葬が当たり前でした。江戸時代には儒教の普及により、土葬を奨励する藩も多くありました。明治政府になってからも、仏教の火葬に反対する神道派の主張が認められ、一八七三（明治六）年には火葬禁止令が出されました。しかし、この令は衛生面や、都市部での土葬場の不足ということから、明治八年には解除されています。

日本が土葬をしなくなったのは、宗教的な観点からではなく、衛生面やスペースの問題という非常に現実的な要因からなのです。

この一例から私がいいたいことは、日本では常識だと思われていることが、実は世界では非常識だと考えられている。そういうものがたくさんあることをいま一度認識することが大事であるということです。そして、いまでは常識だと考えられていることも、過去には非常識だとされていた。つまり、常識というものには二つの側面がある。一つはどんな時代でも変わることなく踏襲されている常識もあれば、一方で時代とともに移り変わっていく常識もある。この常識の二つの側面をよく見極めながら私たちは世界と向き合っていかなくてはならないのです。

私たちがもっている常識のなかには世界に通用するものもあれば、世界では理解されないものもあります。国々の常識は違っていて当然だと思うことです。他国の常識をけっして軽視したり笑ったりしてはならないのです。他国との相互理解とは、言い換えればお互いの国が大切に守ってきた「常識」を尊重し合うことなのです。

一つ面白い例を紹介しましょう。

たとえば、職場などで隣の同僚と話をするとき、日本人はできるだけ静かな声で話すようにするでしょう。周りの人の迷惑にならないように、二人だけで静かな会話を心がける。それがマナーとして定着しています。

ところが、アフリカの人たちは、二人だけで話すときも大声で話をします。アフリカにはたくさんの部族がありますが、どうやらこの習慣は部族を超えた常識だそうです。どうして彼らは大声で話をするのでしょう。その理由を聞くと、集団生活を営む者同士で、秘密をつくらないためだという答えが返ってきました。彼らは子どものころから大きな声で話すよう育てられているのです。

もしもアフリカの人が日本にビジネスにやってきたとき、日本人が小声で話をしていれば、「きっと自分たちに隠し事をしているのだ」と思うかもしれません。だからといってアフリカの常識に合わせる必要もありませんが、少なくとも彼らの常識を知っておくことは大事だと思います。

大賀さんが人生で大切にしていた三つのこと

ソニー元社長の大賀さんは、三つのことをとても大切にしていました。一つ目は健康第一ということ。これは当たり前のことですが、大賀さんは十分な休暇を取ることもまた健康維持のためには必要だと常に仰っていました。経営トップがそういう意識をもっていましたから、ソニーでは昔から有給休暇の取得率が高かったのです。心身ともに健康でなくてはよい仕事はできないというのが社内の常識でした。

大切なことの二つ目はクリエイティビティー、創造力です。これは東京藝術大学出身の大賀さんならではの発想でしょう。世界の企業と協業していくために必要なものはたくさんあります。それぞれの国でビジネスの方法は違います。しかし、どの国にも共通して求められるものがある。それが創造力なのです。

そして大切なものの三つ目が、礼儀正しさです。どの国の人に会っても、礼儀正しい姿勢で接すること。それさえしっかりとできていれば、必ずその後の関係性はよいものになる。礼儀正しさというのは、すべてのマナーの入口であると大賀さんはいいました。まさに的を射ていると思います。

初対面で向き合うとき、お互いに第一印象というものがあります。この第一印象がよければ、その後の関係によい影響を及ぼすことは間違いありません。いくらビジネスのためだとはいえ、第一印象の悪い人とつきあいたくはないですから。

アルバート・メラビアンという心理学者の研究によると、人の第一印象の五五％は視覚からの情報によるそうです。つまり「見た目」が大事だということです。「見た目」とは、清潔な服装で礼儀正しい振る舞いや話し方を心がけることです。そこから関係性ができあがっていく。心さえ美しければ見た目など関係ない、きっといつかはわかってもらえる。そういう人もいますが、それは明らかなマナー違反といえるでしょう。

世の中には多くの場面でマナーが存在しています。すべてを完璧にマスターすることはなかなか難しいでしょうが、ビジネスパーソンや社会人として身につけておきたいマナーはあるものです。ここでは私がこれまで経験したり、いろんな人たちから教わったりしたマナーを紹介したいと思います。

韓国で学んだゴルフにおけるすばらしいマナー

ビジネスでの接待といえばゴルフがあります。いまはかつてほど盛んではないにしても、大切な取引先の人を接待するためにゴルフをする習慣は世界共通といえます。ゴルフは短くても半日かけてプレーをするので、長い時間を共に過ごします。会食などに比べると、お互いの人柄を理解し合うために有効な手段となるのです。

私も幾度となくゴルフコンペの幹事を経験しましたが、毎回たいへんな気苦労がありました。まずゴルフ場の確保と日程調整です。ゴルフ場によっては襟付きのウエアでなければいけないところもあります。格式の高いゴルフ場ではランチのときもジャケット着用が義務づけられています。そういうことを相手に事前に伝えなければいけません。

送迎車の手配はもちろんのこと、家族への手土産も用意しておきます。なぜなら、休日の接待ゴルフは、家族にとっては迷惑なものだからです。子どもの運動会や発表会と重なったりもします。その家族を説得して参加する人もいますから、家族への手土産は欠かすことはできません。

幹事がいちばん頭を悩ませるのがコンペの組み合わせです。四人一組でラウンドするのですが、もしも気の合わない人同士が同じ組になったら、それこそ一日が台無しになる恐れがあります。「どうしてあの人と同じ組にしたんだ」と、不満は幹事に集中します。こればかりは私も随分と気を遣ったものです。

どうすれば気持ちよくゴルフを楽しんでもらえるか。この難問の答えを私に教えてくれた人がいました。それはソニー時代に取引先の一つだった韓国の会社の人です。このときは私が接待をされるほうで、先方はとても気を配ってくれていました。

一番ホールで、最初に第一打を打つのは私でした。接待ゴルフの場合、慣例的にいちばん偉いとされる人が最初にショットを打つのです。そのとき私はソニーの役員でしたから、私がいちばんです。ゴルフは大好きですが、お世辞にも上手とはいえない私です。朝一番でみんなが見ているなかでファースト・ショットを打つわけですから、極度の緊張で身体が硬直していました。このまま打てば、おそらくとんでもないところにボールが飛んでいくに違いない。

緊張しつつティーの前に立つと、先方の幹事さんが声をかけてくれました。

「みのさん。今日はマリガンルールですから、気軽に打ってください」

このとき私は初めて「マリガンルール」なるものを知ったのです。「マリガンルール」とは、その日の最初のショットだけは二度打てるというルールです。一打目に失敗しても、最初の打席だけは打ち直すことができる。アメリカや韓国ではプライベートラウンドのときに、このルールが適応されているようです。別に試合として結果を競っているわけではありませんから、みんなが楽しくゴルフをしようという発想から生まれたのでしょう。

「マリガンルール」の起源には諸説あり、一つはマリガンさんという医師のためにつくられたというものです。医師のマリガンさんは、いつもゴルフが始まる直前まで患者さんの診察をしていました。そして開始時間ぎりぎりになって走ってゴルフ場にやってきます。息を切らせながら最初のショットを打つわけですから、彼の第一打はいつもOBです。それを見ていた友人たちが、「マリガンだけは特別に打ち直してもいいことにしてやろうじゃないか」といい始めました。この友人への思いやりから生まれたのが「マリガンルール」です。

このルールを知った私は、日本に帰ってからも仲間内のゴルフのときには「マリガンルール」を提案しました。そしてこのルールは私の周りで一気に広まっていったのです。第一打だけは打ち直してもいいのですから、緊張することなく打つことができます。最初の人にプレッシャーを与えないですむわけですから、すばらしい接待のマナーといえるでしょう。元アメリカ大統領のビル・クリントンさんはマリガンルールを毎ホール駆使して八十を切ったと自慢したエピソードは有名です。

さて、「マリガンルール」のおかげでなんとか一打目をクリアした私ですが、次のホールで一打目をバンカーに入れてしまいました。二打目も三打目もバンカーから脱出できません。みんなが陰でクスッと笑っているんじゃないか。早くバンカーから出さなくては。私の気持ちは焦るばかりです。焦れば焦るほど身体は固くなっていきます。そのとき、また先方の幹事さんの声が聞こえてきたのです

「みのさん、Take your time.」(時間は十分ありますから、ゆっくりとやってください)

この一言で気持ちがスーッと軽くなったものです。ほんとうにすばらしい接待だったといまでも思います。ゴルフは英国で生まれた貴族の遊びですから、知っておくべきマナーはたくさんあります。しかし、ほんとうのマナーとは、いかにみんなが楽しくゴルフができるか。そこ

に心を配ることなのかもしれません。

自宅へ招待したときの振る舞い

会社の仲間たちとゴルフを楽しんだ帰りに、我が家に招待することがよくありました。箱根のコースでプレーした場合、私の家は小田原にありますから、みなさんの帰り道にあたるわけです。そこで、「まだ時間も早いですから、うちで麻雀でもやりますか」とお誘いするのです。このような状況になる人もいると思います。では、自宅で接待するときには、どのようなことを心がければいいのでしょうか。

自宅に招くことは、料亭にお連れすることとは違います。自宅でも高価な料理を準備しなければならないと考えている人もいますが、そんな必要はありません。自宅に招くということは、すなわち家庭料理を楽しんでもらうということです。

ゴルフ帰りに自宅に寄ってもらえることがわかれば、なるべく前日には家内に伝えておきます。そうすることで家内が万全の準備を整えてくれました。自宅に着き軽食をとる時間を逆算して、漬物を用意してくれるわけです。キュウリとニンジンでは漬かる時間も変わってきますから、それぞれの素材に合った時間で漬物を準備するわけです。そして地元で穫れた美味しい米を炊いて、おにぎりにします。

麻雀をしているところに、家内の手作りのおにぎりと漬物が運ばれてきます。それに味噌汁があれば、完璧な接待です。どんな料亭の高級料理よりもみなさん美味しそうに食べてくれます。この心が行き届いた家内の接待に私はいつも感謝していました。

私自身が自宅に招く準備をすることもよくありました。一週間後に客人を迎えることになれば、地元の馴染みの魚屋さんに前もって頼んでおきます。「今週末にお客さんが来るから、新鮮な魚をもってきてほしい」と。そう頼んでおけば、もしも当日が時化《しけ》で漁に出られなくても、魚屋さんが地の美味しい魚を取っておいてくれます。小田原近くの山北町では猪が獲れますので、猪鍋を振る舞うこともありました。

いずれにせよ自宅での接待とは、基本的には地元の名産や新鮮な魚介類・野菜を活かした家庭料理を振る舞うことがマナーだと思います。料亭のような料理を準備する必要などありません。奥さんに低姿勢でお願いをして、家庭料理を振る舞うことです。客人を招いて、出前の寿司などを取るのは論外ですね。

接待の会食で失敗しないマナー

取引先との会食は、ただ食事を共にするということだけでなく、ビジネスのうえでも大切な時間となります。仲間が集まって食事をするのとはわけが違いますから、会食の幹事を任されたときは万全の準備をしておかなくてはなりません。

ビジネス上の会食のとき、もっとも気を遣うのが最初の十分間です。馴染みのメンバーであればいいのですが、初めての人との会食では、やはり緊張した空気が場を包みます。堅苦しい挨拶などをすれば、さらに場が堅くなるものです。

私はこの最初の十分間の仕切りに苦労しましたが、場を踏むうちにノウハウをつかみました。ソニー時代、大切な客人を接待する際には、よく私に声がかかったものです。「みのさんよ、今度大事な会食があるから、また場を盛り立ててくれ」と、上の人間から頼りにされていたのです。

さて、会食が始まります。まずはその場の雰囲気を和らげなくてはいけません。そんなときにビジネスの話などをするのはご法度です。私は事前に、先方の人たちのことをできるかぎり調べておきました。最近いちばん興味を示していることは？　どんな趣味をもっているのか。出身地はどこか。家族の構成はどうなのか。別に身辺調査をしているわけではなく、話題を提供するためのものです。

初対面での会話で大切なのは、相手との共通点を見つけることです。ゴルフが趣味であれば、それで会話はスムーズに進むでしょう。また、故郷や出身大学が同じであれば、不思議と親近感が湧いてくるものです。もしも共通点が見つからなければ、映画や本、絵画などの話題を振ってみることです。とくに映画は誰もが話題にできるものです。私は忙しいなかでも、必ずヒット作は観るようにしてきました。映画で感動し、さらにそれが会話のきっかけになるのですから、一挙両得です。

その日の会食を楽しく過ごし、お開きになります。別れ際によく言い合う言葉があります。「今度またゆっくりと飲みましょう」と。社交辞令のように軽く口にする人が多いようですが、私は必ずその約束を守るようにしていました。とくに自分のほうから「また今度ご一緒しましょう」といったときには、その言葉が相手の頭に残っているうちに必ず連絡をしていました。

それは単なる「口約束」かもしれません。しかし、この「口約束」をきちんと守ることで、相手の信頼は深まっていくのです。言いっ放しの人間はビジネスでも信頼されないのです。

もう一つ、見落としがちなマナーがあります。たとえば、こちらが接待を受けたとき、素敵な店に招待されたとします。その店のことを気に入り、自分もまた接待に使ってみたいと思ったら、「素敵なお店ですね。今度、私も会食に使わせてもらってもいいですか?」といいます。その店を使うのに許可など取る必要はないのですが、だからといってその人に黙って常連になったりすることは、やはりマナー違反になります。

少なくとも紹介されて初めて使うときには「先日連れて行っていただいたあの店ですが、今度接待に使わせてもらおうと思っています。よろしいでしょうか」と一報を入れるのがマナーなのです。もちろんそれ以降は自由に使えばいいのですが、やはり初めて使うときには相手の耳に入れておくことは大事な気遣いになるのです。

銀座のクラブといえば、最上の接待の場であることは間違いありません。老舗《しにせ》のクラブともなれば、名物ママが接待される側も接待する側も楽しませてくれます。たとえば、銀座で三十年も愛され続ける一流クラブ「稲葉」のオーナーママ白坂亜紀さんのインタビュー記事を読むと、そこには学ぶべきものがたくさんあります。

白坂さんは一九六六年生まれ。早稲田大学在学中に日本橋の老舗クラブに勤務。その後「女子大生ママ」として注目を浴び、以来、激戦区の銀座で店を守り続けてきました。

銀座でクラブを成功させるためには、普段からの努力が欠かせないといいます。お店が開くのは夜ですが、白坂さんの仕事は朝から始まっています。朝起きたらすぐに昨日来店してくれたお客様一人ひとりに御礼のメールを送るそうです。メールばかりでなく、お正月の年賀状も欠かすことはありません。昨年は二万四千通もの賀状を送ったといいます。

クラブは単にお酒を飲ませるところではありません。馴染みのお客様から「今日は大切な接待だからよろしく頼む」という連絡があれば、そのお客様が接待で使う料亭の予約から手土産の手配までも引き受けるそうです。まさに銀座のクラブとは「第二の秘書室」なのです。

それぞれのお客さんに合わせた会話をすることも必須です。そのためには現在ただいまの社会情勢や政治・経済情勢、スポーツや文化に至るまであらゆる分野の知識を積んでいかなくてはなりません。その努力があってこそ「老舗」の看板がかけられるのです。

私も幾度となく銀座のクラブに足を運びました、そのたびに貴重なヒントを得てきたような気がします。気分よく酔わせてもらい、かつ接待の心を教えてもらえるのですから、多少は値段が高くとも通う価値がある。まあ家内にすれば言い訳に聞こえるでしょうが。

会議・討論はＹ２Ｂを原則に

社内外の会議の場で意見を求められることがあります。「君はこの件に関してどう思うかね。私はこう思っているのだけれど」などと上司や先輩からいわれたら、とにかく賛成をしてしまうものです。自分は少し違った考え方をもっていたとしても、なかなかそれを発言する勇気がない。要するに上司への忖度が働いてしまうのです。もちろん心から上司の意見に賛成しているのであればよいのですが、自分の意見を押し殺してまで賛成ばかりしていると、やがては上司からの信頼も薄くなっていくものです。要するに「イエスマン」になってしまうわけです。

Y2Bというのは、「ほとんどの場合はイエスというが、どうしても曲げられない場合は毅然として反対意見を述べる」という比喩です。賛成を表明するだけでなく、ほんとうに自分が思っているのなら、「おおよそは賛成できますが、しかし別の考え方もあると思います」と、ときには「バット（しかし）」を取り入れること。自分の考えが上司と違っていたら、それを堂々と発言することも大切です。いつも素直にいうことを聞く部下が、ごくたまに意見をいうと、上司も注意深く耳を傾けてくれるものです。逆にいつも「しかし」「しかし」を連呼していると、徐々に煙たがられ遠ざけられるようになります。

欧米では、意見を戦わせるときには上司も部下もありません。互いの考え方をぶつけ合い、そして最終的には上司が判断を下す。もしも上司が自分の意見と違った判断をしたとしても、それ以前に十分な議論を重ねることでしこりは残りません。よりフラットな議論をするのが、欧米では常識となっているのです。不要な気遣いなどをしないで、日本ももっとフラットな意見交換をすることです。

「アフター　ユー」

街中を歩いているとき、気になるお店を見つけて入ろうとします。入るためにはお店のドアを開けなくてはなりません。いまは自動ドアが一般的ですが、欧米では、ドアを押す前に自分の後ろをさりげなく振り返るという習慣が身についています。

もしも自分の後ろにお年寄りがいたり、あるいは荷物を抱えた女性がいたとすると、彼らは「アフター　ユー」と声をかけてその人のためにドアを開けます。「アフター　ユー」とは「あなたのあとで私が行きます」。つまり「お先にどうぞ」という意味になります。

こうしたさり気ない気遣いの習慣が欧米では当たり前のことです。日本人の「おもてなし」もすばらしいものですが、こうした街中でのマナーはまだ習慣として身についていないような気がします。後ろの人のことを考えないでさっさとドアを閉めたり、電車の優先席に若者がどかんと座っていたり。本人に悪気はないのでしょうが、こうした社会におけるマナーは、もう少し浸透してほしいと思います。

誕生日を大切に

欧米では、誕生日をとても大切にする習慣があります。私がソニーにいたころ、誕生日を挟んで海外出張をすれば、必ずといっていいほど行った先のスタッフがお祝いをしてくれたものです。忙しくて自分でさえ忘れていることもあるのに、向こうの人たちは必ず私の誕生日を祝ってくれるのです。

日本の本社にいるときも、欧米の社員が私と社内で会うと、「みのさん、今日は誕生日ですね。ハッピーバースデイ！」と大きな声でお祝いをいってくれます。なかにはちょっとしたプレゼントを渡してくれる社員もいます。彼らにとって誕生日とはとても大切で特別な日なのです。

日本では、誕生日はあまり大事にされていません。家族や友人たちと祝うことはあっても、会社の中で意識することは少ないでしょう。また、お祝いの言葉をいってもらったり、プレゼントをもらったりしても、素直に喜びを表現しない人もいます。照れ隠しなのでしょうが、やはり祝ってくれた相手に対して失礼です。感謝の気持ちは素直に表現すること。それも海外では常識なのです。

出張したら必ずお土産を買おう

海外や国内に出張したとき、部署の仲間にはお土産を買ってくるべきです。安価なお菓子でもかまいません。自分が出張しているあいだ、同僚や部下たちが仕事をカバーしてくれているのですから、お礼の気持ちも込めて土産は買ってくることです。

時折でいいのですが、上司への土産も買ってくることです。私は金沢に出張したとき、いつも中田屋のきんつばを大賀社長に買ってきたものです。中田屋のきんつばは大賀さんの大好物で、それは嬉しそうにしていました。きんつばを冷蔵庫に入れておき、食べたいときに電子レンジで温めて食べるそうです。一箱三千円ほどのお菓子ですが、大賀さんにとっては値段の問題ではない。大好物を買ってきてくれた私の気持ちを喜んでくれたのです。

中国やベトナムやタイに出張に行くときは、必ず現地の日本人スタッフから頼まれるモノがありました。それは「日本の卵」です。彼らは日本にいたころのように「卵かけ御飯」が食べたいのです。しかし、現地では卵にサルモネラ菌がついているために、生で食べることができません。そこで安全な日本の卵を持ってきてほしいというわけです。数十円の卵で喜ばれるのですから、これもまたお安いことです。

謝罪や欠席をするときのマナー

仕事をしていれば失敗はつきものです。大きな失敗もあれば小さな失敗もあります。人間ですからそれは当たり前のことでしょう。重要なのは、失敗をしたときの謝罪の仕方です。

自分が悪いと思ったら、すぐに非を認めて謝ることが大事です。

「これは、ほんとうにこちらの失敗なのだろうか」

「もしかしたら、先方に落ち度があるのではないか」

そんなことを考える前に、ともかく謝ることです。責任の押し付け合いになると最悪の事態になります。もしも先方にも多少の非があったとしても、こちらが先に謝罪する。そんな姿勢が信頼へとつながっていくのです。

失敗したときには潔く謝れば、先方には清々しく映るもの。そこまで素直に謝られたら、許さざるをえなくなる。それが人情というものです。

失敗だけでなく、先方からの要望を断るときや、スケジュールの変更をお願いするときにも、とにかくスピードが大事です。人はいいにくいことはつい先延ばしにしようとします。断るのはいいづらいな。スケジュール変更はいいたくないな。なんとなく今日は気が進まないから、明日連絡することにしよう。このような先延ばしはまったく無駄なこと。明日になれば状況は変わるのですか。明日になれば先方は許してくれるのですか。マイナスの連絡ほどスピードが要求されるのです。お互いにとってすばらしい報告こそ、明日に延ばしても差し支えないのです。

パーティーに呼ばれていたのに、急に用事ができることもあります。そんなときもすみやかに欠席を伝えなくてはいけません。ここでよくあるのが「大勢参加するパーティーなのだから、自分一人欠席するくらい大した影響もないだろう」と欠席の旨を伝えないままにする人がいるということです。たしかに一人欠席したところで影響はありません。しかし、こういうときこそ、ある意味では自分をアピールできるチャンスでもあるのです。

大勢参加するパーティーにもかかわらず、急に欠席することになった。まずは電話で連絡をして、さらに後日、欠席の非礼を詫びる手紙を出すことです。「わざわざ手紙で詫び状を送ってきてくれた」。そんな人間は必ず記憶に残るものです。大勢のなかに埋もれてしまうのか。それとも大勢のなかで光を放つ人間になるのか。小さな心がけが大きな差になってくるのです。

冠婚葬祭のマナー〈結婚式編〉

冠婚葬祭のマナーは、社会人としては最低限身につけておかなくてはなりません。いくら仕事ができる人でも、冠婚葬祭のマナーを知らないと、社会人としては信用されません。また、肩書が上になるほど、こうした場に招待されることは増えてくるでしょう。

結婚式の招待状が届いたら、返事は早く出すことです。たとえ気心が知れた友人といえども、返事を遅らせることをしてはなりません。もしも都合が合わずに欠席になる場合は、やはりお祝いを包むべきだと思います。出席したときのご祝儀が三万円であれば、欠席したときには一万円でもかまいません。せっかく招待してくれたのですから、その気持ちに応えるのが礼儀です。

披露宴に出席すれば、知らない人と同じテーブルになることもあります。そういうときには、先にテーブルに座っている人に一言挨拶をするのがマナーです。すぐに自己紹介をして、新郎新婦との関係を説明します。たったそれだけのことで、そのテーブルが和やかな雰囲気になるものです。相手から声がかかるのを待っているのではなく、お互いに積極的に声をかけ合うこと。披露宴を一緒に盛り上げるためにはそうした気配りが大事なのです。

スピーチを頼まれたときは、恥ずかしがらずに快く承諾することです。「いや、僕は人前で話すのが苦手だから勘弁してよ」などと断ってはいけません。新郎新婦も相談し合ってスピーチを頼む人を決めるのですから、快く引き受けるのがマナーです。

そしてスピーチは三分以内を心がけることです。「宴席でのスピーチは短いほうがいい」と昔からいわれています。ソニー時代に部下の結婚式に出席したときのことです。仲人を務めたのが大学時代の恩師で、その仲人のスピーチが四十分もかかりました。やっと終わったかと思いきや、今度は主賓である大学時代のゼミの教授が三十分。新郎の卒論などを持ち出して長々と話し続けたのです。当然、披露宴に参加した人たちはぐったりしていました。いったい誰のための披露宴なのか。どんなにすばらしい教授であったとしても、その常識のなさには辟易《へきえき》したものです。

結婚式の主役は新郎新婦です。彼らを快く祝うために、みんなが協力すること。きちんとしたマナーを守ってこそ、心に残る披露宴になるのです。

付け加えていうなら、結婚式の仲人を頼まれたときには、できるかぎり引き受けることです。そして大事なことは、けっして依怙贔屓《えこひいき》をしないこと。社内で肩書が上になってくれば、部下から仲人を頼まれることはよくあります。そんなときに、好き嫌いで引き受けたり断ったりしてはいけません。引き受けてもらえればいいですが、断られてしまった人間からすれば、「どうして自分は断られたのだろうか。同期のあいつは引き受けたのに、どうして自分は断られたのか」などと不要な勘繰《かんぐ》りをしかねません。それはその後の上司と部下の関係性にも影響することがあります。もしも仲人を断るときには、必ず明確な理由を伝え、秘書と共有することです。結婚式の日に海外出張が入っていることがわかれば、部下のほうも納得するでしょう。理由を明確にすることも大事なマナーなのです。

冠婚葬祭のマナー〈葬儀編〉

ご不幸は突然にやってくるものです。葬儀の予定を立てることはできません。いつやってくるかわからない。したがって、葬儀の準備は常にしておくことが大事です。最低限の準備（喪服や白のワイシャツ、黒のネクタイと靴下、数珠《じゅず》など）は会社のロッカーに常備しておくことです。

私も部下の親族にご不幸があったときは、何を差しおいても駆けつけるようにしていました。もちろん東京近郊で行ける場所にかぎりはありましたが、万難を排して駆けつけました。

どんな仕事が入っていたとしても、仕事と葬儀を天秤にかけてはいけません。海外に出張していれば別ですが、都内にいるかぎりは必ず葬儀が優先です。たとえ急な仕事を抱えていたとしても、短時間だけ抜けて葬儀に駆けつけることは十分できます。忙しさを理由にして不義理を欠いてはいけないのです。どうしても自分が行けないときは、私は家内に代理出席してもらいました。それくらい葬儀というのは大切なものなのです。

もしも弔辞《ちようじ》を頼まれたら、絶対に断ってはいけません。弔辞を読むのは故人と深い関わりがあった人です。私もいままで八度、弔辞を頼まれたことがあります。それは毎回、突然のことであり、私自身も深い悲しみに包まれているのですが、ご遺族の悲嘆はその比ではありません。急なお願いとはいえ、すべて引き受けてきました。

まずは故人のお人柄や業績を思い浮かべながら、心を込めた文章を考えます。次に、その文章を筆で丁寧に書きます。弔辞というのは紙に書いたものをご遺族に渡すものです。結婚式の挨拶のように手書きのメモを読んで終わりというわけにはいきません。そこで、清書はいつも家内にお願いします。家内は書道のたしなみがありますから、これはほんとうに助かりました。

もちろん葬儀の宗派は前もって調べておくことです。地方によっては固有の習わしがありますから、そうしたマナーも知識として身につけておくことです。

以前、京都の友人の葬儀に出ることがありました。友人の家は旧家でした。葬儀場に駆けつけると、ご遺族から「蓑さんには留め焼香をお願いしたのですが」といわれました。私はそのとき初めて「留め焼香」という言葉を聞きました。京都の古い習わしでは、お焼香をする人の名前を一人ずつ呼び、最後に故人と親しかった人が焼香をします。それが「留め焼香」です。故人にとって大切な人で、なおかつ社会的な地位が高い人が指名されるそうです。私もさすがにこの京都のしきたりは知りませんでした。このように、日本の各地には連綿と受け継がれてきた葬儀のしきたりがあるのです。すべてを知ることは無理ですが、できるかぎり知る努力はしておいたほうがよいと思います。

神社参拝のマナー

何事の　おはしますかは　知らねども　かたじけなさに　涙こぼるる

武士の地位を捨てて出家し、仏門に帰依《きえ》した西行法師は、伊勢神宮の空気感をこのような歌にしました。なぜかはわからないけれど、伊勢神宮の境内に流れる空気はありがたく感じるもので、感動で涙が自然に流れてくる。そんな心持ちになる様を詠《よ》んだのです。

日本の総氏神として崇《あが》められる天照大御神《あまてらすおおみかみ》が祀られている伊勢神宮に、私は毎年のように参拝していますが、何度行っても、独特の空気感に胸が熱くなる思いがします。やはり日本人であるからには、せめて一生のうち一度はお参りをしたいものです。どの神社でも昇殿参拝をするときは、地味な背広・ワイシャツ・ネクタイ着用が礼儀です。

そこで、神社にお参りする際の基本的なマナーを記しておきます。みなさんも初詣などには行くでしょうから、おおよそのマナーは身についているはずですが、もう一度おさらいしておくのもよいと思います。

神社に向かう参道の真ん中を歩くのはタブーです。鳥居の前では軽く一礼をして、鳥居の端っこを通り抜けます。真ん中を通るのは神様だけです。伊勢神宮では、外宮《げくう》からお参りを始めて、内宮《ないくう》へと回るのが習わしです。外宮と内宮がある場合に、どちらか一方だけお参りするのは「片参り」と呼ばれ、避けるべきこととされています。内宮のご祭神は天照大御神の和魂《にぎみたま》、外宮のご祭神は豊受《とようけ》大御神の和魂が祀られています。内宮でも外宮でも、ご正宮は日ごろのご加護に対して神様に感謝する場所ですから、個人的なお願いごとは控え、感謝の気持ちを神様に伝えます。個人的なお願いごとは、内宮では荒祭宮《あらまつりのみや》、外宮では多賀宮《たかのみや》でするのが基本です。

神社の本殿の前に立ち、まずはお賽銭箱にお賽銭を入れます。このとき、投げ入れるようなことをしてはいけません。賽銭箱の上に置くような思いで静かに入れることです。次に鐘を鳴らして、神様への敬意と感謝の意味を表すお辞儀を二回行います。

二礼したあとに柏手《かしわで》を二回打ちます。柏手は右手を少しだけ引いて、両手を合わせないでずらすようにして打ちます。そして最後にもう一度深くお辞儀をします。これが「二礼二拍手一礼」というものですが、出雲大社や宇佐神宮など一部の神社では「二礼四拍手一礼」が習わしになっています。神社によってマナーが違う場合があるので、初めてお参りする神社については前もって知識をもっておいたほうがよいでしょう。

伊勢神宮だけでなく、日本のどの神社にも清廉な空気が漂っています。目にはけっして見えないものですが、その空気を感じる心を日本人であれば誰もがもっている。私はそう信じているのです。

年賀状はわずか六十三円の効果的なメッセージ

近年、正月に年賀状を出す人が少なくなってきました。とくに若い世代の人たちは、LINEやメールで済ませる傾向があるようです。

それを否定するつもりはありませんが、私は年賀状という存在をいま一度見直してほしいと思っています。私がソニーにいた若いころには、毎年プライベート用で五百枚ほどの年賀状を出していました。もちろん私一人ではとても無理ですので、家内に宛名書きを手伝ってもらっていました。家内は書道の心得がありますから、その宛名書きは私から見てもすばらしく上品なものでした。年末になると、二人で家に籠もって年賀状づくりに追われたものです。それからだんだん枚数が増えて千枚、千五百枚になりましたので、ついに手書きを諦め、当時としては新兵器のワープロを購入しました。

いまはパソコンの『筆ぐるめ』ソフトを使いプリンターで印刷するようになりましたが、一枚一枚に思いを込めて一言添えています。短いコメントですが、書くごとに相手の顔が思い浮かびます。そして我が家に届いた年賀状を一枚一枚拝見するたびに、また相手の元気そうな笑顔が浮かんできます。それは私にとってはとても大切で温かな時間でした。

手書きで相手にメッセージを送ること。それは特別なものが伝わるような気がします。下手な字でもかまわない。つたない文章でもかまいません。手書きの文字には、言葉では表せない温かみがあるものです。周りの人たちがメールで済ませる時代だからこそ、自分は手書きの一言年賀状にこだわる。その一枚は、きっと相手の心に残るはずです。たとえば、ソニー時代の恩師である森尾稔さんとは、一年に一度会うか会わないかですが、毎年の年賀状が絆をつないでくれているような気がするのです。

森尾さんの年賀状を見ながら、若かりし日のことをふと思い出すこともあります。私たち若い衆が集まるバーがありました。そこにはいつも森尾さんがキープしているウイスキーのボトルがあります。「お前たち、好きに飲んでいいぞ」という言葉に甘えて、私たちはいつもそのバーで森尾さんのボトルから飲んでいました。残り少なくなったボトルを後にして帰ると、次に来たときはちゃんと新しいボトルになっていたものです。また森尾さんと二人で飲んで終電を逃してしまったとき、「みのさん、うちに泊まっていけよ」とよくご自宅に泊めてもらいました。翌朝には温かな御飯とお味噌汁が食卓に用意されていました。奥様がつくってくださったお味噌汁の美味しさを忘れることはありません。

たった一枚の年賀状から、かつての思い出がまるで昨日のことのように思い出されます。年賀状にはそんな力があるのです。

あとがき

この「あとがき」を書いているのは二〇二一年三月です。昨年の初めから世界中を席巻《せっけん》している新型コロナウイルスの勢いはいまだ衰えを知らず、日本においても感染者の数は増え続けています。誰も予想だにしていなかったことが起こり、世界中の人々がウイルスの恐怖に慄《おのの》いています。「こんなウイルスが蔓延する時代がくるとは、なんて不運なことだろう」と嘆く人もいるかもしれませんが、考えてみれば人類と感染症の闘いはいまに始まったことではないのです。

感染症との闘いは紀元前にまで遡《さかのぼ》ります。エジプトで発掘されたミイラにも天然痘《てんねんとう》の痕跡が確認されているのです。天然痘は五世紀から八世紀にかけて、インドからシルクロードを通じて世界に拡散しました。日本でも仏教の伝来と時を同じくして天然痘が流行したのです。

ペストはモンゴル帝国が東西貿易を拡大した十四世紀ごろに欧州各国に広がっていきました。コレラは十九世紀から二十世紀にかけて、イギリス統治下の東インド会社を介して世界各国に拡散しました。コレラは日本でも江戸時代末期に「ころり」と称されるほど蔓延し、甚大な被害をもたらしたのです。

近年では第一次世界大戦末期の一九一八〜一九年にかけてスペイン風邪が大流行しました。アメリカから欧州へと広がり、全世界で五億人が感染したといわれ、死亡者数は五千万人から一億人に及ぶと推定されています。ちなみに第一次世界大戦での戦死者数は九百万人ですから、その何倍もの人が命を落としたのです。

記憶に新しいところではＨＩＶ（エイズ＝ヒト免疫不全ウイルス）やＭＥＲＳ（中東呼吸器症候群）ウイルスの流行もありました。このように感染症と人類との戦いは幾度となく繰り返されてきましたし、今後も続いていくことは間違いないでしょう。

感染症との戦いに終わりはありません。それどころか、産業革命以降、列車、船、自動車、飛行機など交通機関の発明により、私たちの移動手段は飛躍的に進歩しました。その結果、世界的な交流が容易になったため、ウイルスもまた拡散が一気に進むことになりました。

現代はグローバリゼーション（移動と交通）の時代です。ウイルスは人間が移動することで運ばれますから、移動手段が乏しかった時代は広がりにくく地域限定でした。それが現代ではあっという間に世界中に広がる危険性を孕んでいるのです。極端にいえば、たった一日でヨーロッパのウイルスが世界中を駆け巡ることになるのです。その意味で二十一世紀とはまさに「感染症の時代」といっても過言ではありません。「ウィズ感染症」の時代になることは避けられないのです。

感染症とグローバリゼーションの進行はセットである以上、いまは歴史や生活方式の転換点でもあります。この一年、日本においてもさまざまな「ウィズコロナ」の対策が講じられてきました。これまでの生活スタイルはもう通用しない。新たな生活パターンを生み出していかなければなりません。企業ではリモート・ワークが進みました。わざわざ出社しなくても、自宅でできる仕事は自宅でする。オンライン診療やキャッシュレス決済も普及しつつあります。この流れはもう止めることはできないでしょう。

私自身の一年を振り返ってみても、その生活は激的に変わりました。私は数社の社外取締役や代表を務めていますが、緊急事態宣言が出たあとは、会議などすべてリモートになりました。海外出張もなくなりました。すべての仕事がそれで済むわけではありませんが、リモートで解決できる仕事が多くあることも実感しました。これまでは基本的には人に直接会ってビジネスをやってきた私としては多少の違和感もありますが、この流れは受け入れざるをえないでしょう。

リモート・ワークが増える一方で、私自身の生活の中で増えたものがあります。それは整体とフィットネスです。手帳を見直してみると、昨年は年間で二十回整体に行き、フィットネスジムには四十七回も行きました。親しい友人だけでのゴルフも二十九回ラウンドしました。つまり、これが私個人としての「ウィズコロナ」対策なのです。とにかく心身の健康を保つことで免疫力を上げる。その心がけを以前よりも意識するようになりました。個人でやれることをやるしかありません。目に見えない敵と闘っているのですから、個々人の意識こそが重要になってくるのです。

感染症との戦いを個人レベルではなく国家レベルで見たとき、そこには大きな問題が現れてきます。それは「感染症対策を最優先にするか、はたまた経済活動を優先させるか」という問題です。医師や感染症の研究者からすれば「まずは感染症を完全に封じ込めることが最優先だ。人間の命を守ることがいちばんだ」ということになるでしょう。これは当たり前のことですし、医師たちはそのことを叫び続けなければなりません。

しかし、現実はどうでしょうか。日本では、失業率が一%上がると千八百人の自殺者が出るという統計があります。感染症では死なないかもしれないけれど、仕事が失われたことで生活が立ち行かなくなる人はたくさんいるのです。アフリカの貧しい国でも、コロナが恐ろしいことはみんな知っています。しかし彼らにとっては、感染症よりも仕事が失われるほうが何倍も恐ろしいのです。経済的に困窮すれば、コロナに罹《かか》らなくても飢餓によって命を落とします。その恐怖が貧しい国を覆《おお》っているのです。

二〇二〇年十二月、国連世界食糧計画（WFP）がノーベル平和賞を受賞しました。受賞理由は「WFPは紛争が続き食糧事情が困難なイエメンやコンゴ民主共和国、さらにナイジェリア等でも新型コロナウイルス感染拡大が加わり、飢えに苦しむ八十八カ国一億人の人々を食料支援した」というものです。

一方で、世界中で飢餓に苦しむ人は、世界人口の九％近くの六億九千万人もいます。この人たちの命をどう救うのか。経済を優先させるのか、感染症を封じ込めることを優先させるのか。「命か経済か」。それはけっして単純な二者択一の問題ではありません。いま世界中のリーダーたちがこの難問と向き合っているのです。

二宮尊徳は次のような言葉を残しています。「道徳なき経済は犯罪であり、経済なき道徳は寝言である」と。この言葉の中に難問の答えが潜んでいるのかもしれません。

社会の中で起こっている問題。それは三つに分けられると私は考えています。一つ目は「明確な答えがある問題」。二つ目は「明確な答えはないけれど、漠然とした答えは存在している問題」。そして三つ目は「答えの存在しない問題」です。

一つ目の問題は知識を積み重ねることによって解決することができます。知識と分析によって明確な答えを導き出すことができます。

二つ目の問題は、単純な知識だけでは答えは見つかりません。知識に加えて、人類の経験という智慧が必要になってきます。しかし、この問題も、衆知を集めることで解決策は見つかります。

もっとも難しいのが三つ目の「答えの存在しない問題」でしょう。「命か経済か」という問題はまさにこれにあたります。世界がグローバル化し、それによって複雑化することによって、「答えの存在しない問題」はどんどん増えていくと私は思っています。では、どうすれば「答えなき問い」を解決できるのか。どのようにして解決の糸口を見出していくのか。それは教育しかないと考えます。

これまでのような経済学、経営学、政治学、法学、医学、理工学等の縦割りの教育ではこの複雑な問題は解決できません。より広い視野を養い、社会で起きていることを俯瞰《ふかん》して見る眼を養うことが大事です。そこで大切になってくるのが「リベラルアーツ」という学問です。直訳すれば「教養教育」となりますが、要は人文科学、社会科学、自然科学といった幅広い分野を横断的・総合的に学んでいくものです。これまでのように文系や理系という垣根をつくることなく、あらゆる学問が絡み合うような教育をしていかなくてはなりません。それによって広い視野と俯瞰して物事を見る力を養うことができると私は考えています。

最近注目され始めた「リベラルアーツ」ですが、実はダイバーシティー、多様性の概念とリンクしているのです。学問の世界だけでなく、すべての場面において多様性を活かしていくこと。排斥ではなく受容を前提に物事を考えていくこと。さまざまな学問を受け入れ、異質な人間や考え方を積極的に受け入れていく姿勢こそが、「答えなき問い」との闘いには必要不可欠なのです。

最後に、『神奈川新聞』（二〇二〇年十月十九日付）の全面広告に掲載されたＪＴのコピーを紹介したいと思います。

「桃太郎がなぜ、犬、猿、キジという一見バラバラの三者を仲間にしたのか」という書き出しで始まるコピーです。

「そこには、桃太郎の明確な戦略がありそうです。おそらく桃太郎は、チームに多様性を取り入れ、ある種のケミストリーを起こそうとしたのではないでしょうか。最初は合わないこともあったかもしれません。でも、心を開き、認め合うことができれば、個性の違いはお互いを高め合うきっかけになります。違うから、視野が広がる。発見がある。成長できる。強くなれる。これからの多様性の時代に、私たちが学ぶべきことが、そこにはあるような気がします。違うから、人は人を想う」

なかなか的を射た一文だと思います。とくに若い人たちには、多様性を受け入れながら、さらに広い視野を身につけてほしいのです。

いままで日本という国が築いてきた信用によって勝ち取ったものの一つが「世界最強のパス

ポート」といっていいでしょう。なんとビザなしで世界百九十一カ国に渡航可能なすばらしい権利です。それを活用し、海外を視察・旅行してグローバリゼーションやダイバーシティーの推進役となってほしいのです。

できれば義務教育から「リベラルアーツ」を取り入れ、人類の悠久の歴史、世界のさまざまな宗教の本質、地政学を加味した日本と西欧との根本的な発想法の違いなど幅広い教養を身につけた若者を育てるべきです。もちろん日本の歴史・文化・伝統も学び、象徴天皇制を安定的に定着させ、権威と権力を巧みに組み合わせた日本の統治制度に誇りをもってほしい。そのうえで、「命か経済か」という「答えなき問い」と真っ正面から向き合うことができるリーダー層がたくさん生まれることを期待しています。

二〇二一年三月吉日

蓑宮武夫

参考文献

小田中直樹『感染症はぼくらの社会をいかに変えてきたのか』日経BP
熊谷亮丸『ポストコロナの経済学』日経BP
寺島実郎『日本再生の基軸』岩波書店
岡倉天心著／大久保喬樹訳『新訳　茶の本』角川ソフィア文庫
ドナルド・キーン『私が日本人になった理由』PHP研究所
山﨑武也『なぜ、一流の人は「お茶」をたしなむのか？』PHP研究所
山﨑武也『好かれる人のちょっとした気の使い方』王様文庫
佐藤智恵『ハーバード日本史教室』中公新書ラクレ
佐藤智恵『ハーバードの日本人論』中公新書ラクレ
佐藤智恵『ハーバードでいちばん人気の国・日本』PHP新書
関岡孝平訳『現代語新訳　世界に誇る「日本のこころ」3大名著――『茶の本』『武士道』『代表的日本人』』パンローリング
早川友久『李登輝　いま本当に伝えたいこと』ビジネス社
森　貞彦『「菊と刀」の読み方』東京図書出版
ケント・ギルバート『日本人だけが知らない　世界から尊敬される日本人』SB新書
ケント・ギルバート『日本人だけが知らない　本当は世界でいちばん人気の国・日本』SB新書
齋藤　孝『世界がおどろく日本！強さのヒミツ』PHP研究所
古谷治子『社会人1年目の仕事とマナーの教科書』かんき出版
一條和生『日本の企業家8　井深 大』PHP研究所
井深　大『わが友 本田宗一郎』ゴマブックス

井深 大『私の履歴書 自由闊達にして愉快なる』日経ビジネス人文庫
井深 大『ソニー魂』ソニー・マガジンズ新書
井深 大『井深 大の心の教育』ゴマブックス
ソニー・マガジンズビジネスブック編集部『時代を開拓する先見経営家 大賀典雄語録』ソニー・マガジンズ
佐藤正忠(聞き手・構成)『大賀典雄 孫正義 感性の勝利』経済界
大賀典雄『私の履歴書 SONYの旋律』日本経済新聞出版
大賀典雄『大賀典雄、15歳に「夢」を語る』丸善
小林 茂『ソニーは人を生かす』日本経営出版会
ソニー株式会社広報センター『GENRYU 源流 ソニー創立50周年記念誌』
石 平『日本の心をつくった12人』PHP新書
松下幸之助『日本と日本人について』PHPビジネス新書
宮田 律『イスラム唯一の希望の国 日本』PHP新書
早坂 隆『世界の路地裏を歩いて見つけた「憧れのニッポン」』PHP新書
河添恵子『世界はこれほど日本が好き』祥伝社黄金文庫
曽野綾子『日本人が知らない世界の歩き方』PHP文庫
西川 恵『皇室はなぜ世界で尊敬されるのか』新潮新書
竹田恒泰『日本の民主主義はなぜ世界一長く続いているのか』PHP新書
山村英司『義理と人情の経済学』東洋経済新報社
小早川 護『接客は利休に学べ』WAVE出版
加来耕三『心をつかむ文章は日本史に学べ』クロスメディア・パブリッシング
日髙利美『大人の教科書』クロスメディア・パブリッシング
内閣府『令和元年版 子供・若者白書』

〈著者略歴〉

蓑宮武夫（みのみや・たけお）

1944年生まれ。神奈川県小田原市出身。早稲田大学卒業。

ソニー入社後、初期のトランジスタの開発、製造を担当し、その後、ビデオ機器・パソコン機器の設計から半導体の開発まで幅広く手がける。その中には、パスポートサイズの『ハンディカム』、最後発で参入したパソコン『VAIO』などがある。生産技術研究所所長、レコーディングメディア＆エナジーカンパニープレジデントを歴任。1999年より執行役員常務としてコンポーネントや半導体事業を統括した後、2001年より執行役員上席常務として品質管理を統括するCo-CQO（チーフ・クオリティー・オフィサー）、設計・生産・カスタマーサービス・資材調達を一貫して提供するソニーイーエムシーエス㈱副社長を兼任し、ソニーのものづくりの根幹業務に貢献。

2005年、ソニー退社。2006年２月に㈲みのさんファームを設立し、代表取締役に就任。2008年、㈱TSUNAMIネッワークパートナーズ（現・ＴＮＰパートナーズ）会長に就任。2012年、ほうとくエネルギー㈱代表取締役社長に就任。ソニー時代の経験とネットワークを活かし、数多くの企業の成長をサポートしている。㈱タムラ製作所取締役（社外）。㈱パロマ取締役（社外）。㈱アイキューブドシステムズ取締役（社外）。㈱シバソク取締役（社外）。㈱メムス・コア取締役（社外）。ソニー龍馬会元会長。小田原藩龍馬会顧問。

著書に『されど、愛しきソニー』『ビジネスマン龍馬』『出でよベンチャー！　平成の龍馬！』『友だち力』『人生、一生行動するがぜよ！』『出でよ、地方創生のフロントランナーたち！』『なぜあの人は輝いているのか』『令和の主役はあなたです！』（以上、ＰＨＰ研究所）がある。

人生で大切なことはすべてソニーから学んだ
Back to the basics yet again.

2021年5月4日　第1版第1刷発行

著　　者　蓑　宮　武　夫
発 行 者　櫛　原　吉　男
発 行 所　株式会社ＰＨＰ研究所
京都本部　〒601-8411　京都市南区西九条北ノ内町11
マネジメント出版部　☎075-681-4437（編集）
東京本部　〒135-8137　江東区豊洲5-6-52
普及部　☎03-3520-9630（販売）
PHP INTERFACE　https://www.php.co.jp/

制作協力
組　　版　株式会社PHPエディターズ・グループ
印 刷 所　図書印刷株式会社
製 本 所　大進堂株式会社

© Takeo Minomiya 2021 Printed in Japan ISBN978-4-569-84933-1
※本書の無断複製（コピー・スキャン・デジタル化等）は著作権法で認められた場合を除き、禁じられています。また、本書を代行業者等に依頼してスキャンやデジタル化することは、いかなる場合でも認められておりません。
※落丁･乱丁本の場合は弊社制作管理部（☎03-3520-9626）へご連絡下さい。送料弊社負担にてお取り替えいたします。

PHPの本

されど、愛しきソニー
元役員が本気で書いた「劇的復活のシナリオ」

蓑宮武夫

ソニーのものづくりの根幹に携わった元役員が、ソニー停滞の原因を明らかにしつつ、再び栄光を取り戻すためのシナリオを示す！

電子書籍にて発売中

ビジネスマン龍馬
大きな仕事ができる男とは？

蓑宮武夫

わずか33年の生涯で成し遂げた歴史的偉業を、ソニー龍馬会元会長の著者が、ビジネスマンとして学ぶべき視点から描いた新・龍馬論。

電子書籍にて発売中

出でよベンチャー！ 平成の龍馬！
若者は突き出ろ、シニアは知恵を出し切れ

蓑宮武夫

第二のソニー、ホンダは現れるのか？ 独創的な知恵や技術で台頭する平成のベンチャー企業を紹介！ 日本経済復活への道筋を示す。

電子書籍にて発売中

PHPの本

友だち力
仕事も人生も10倍楽しくなる簡単な方法

蓑宮武夫

ソニーの黄金時代を築いた著者は、じつは最大のライバル会社に「生涯の友」をつくっていた。仕事も人生も10倍楽しくなる方法を公開！

電子書籍にて
発売中

ホップ、ステップ、ジャンプ！
人生、一生行動するがぜよ！
世のため人のため愉快に生き抜く八策

蓑宮武夫

ソニーの役員退任後、ベンチャー育成、NPO法人支援、地元の活性化などに邁進する著者が語る、人生後半を豊かにする生き方とは？

電子書籍にて
発売中

出でよ、地方創生のフロントランナーたち！
城下町から日本を変えるヒント

蓑宮武夫

城下町が育んできた歴史や文化を活かした地方創生を唱える著者が、地域を変えるのは「人」と「志」にありと説く。

電子書籍にて
発売中

ＰＨＰの本

なぜあの人は輝いているのか

脳が教えてくれる生き方のヒント

蓑宮武夫 著

ほんとうの「働き方改革」「女性活躍」とは何か？　地域に根差して教育に社会活動に文化に貢献する人たちの生きざまを紹介！

定価 本体1,500円
（税別）

令和の主役はあなたです！

新しい時代の生き方・働き方

蓑宮武夫 著

ＡＩ、５Ｇ、ダイバーシティ、ＳＤＧｓ、人生百年時代の到来……社会が大きく変わるなかで、自分らしく生きるためのヒントが満載。

定価 本体1,500円
（税別）